"十四五"普通高等教育本科部委级规划教材

纺织机械液压传动与控制技术

刘　霞　杨磊鹏　金守峰　曹亚斌　张守京　薛向珍◎编著

中国纺织出版社有限公司

内 容 提 要

本书内容包括液压传动概论、流体力学基础,液压泵、执行元件、控制阀、辅助装置、基本回路等的工作原理和应用,以及纺织机械液压系统实例分析和液压传动系统设计与计算等。

本书可作为普通高等学校机械设计制造及其自动化、机械电子工程、机械工程、材料成型及控制工程等机械类专业的本科生教材,也可供液压传动工程技术人员参考。

图书在版编目(CIP)数据

纺织机械液压传动与控制技术 / 刘霞等编著 . -- 北京:中国纺织出版社有限公司,2023.8
"十四五"普通高等教育本科部委级规划教材
ISBN 978-7-5229-0071-1

Ⅰ.①纺… Ⅱ.①刘… Ⅲ.①纺织机械–液压传动–高等学校–教材②纺织机械–液压控制–高等学校–教材
Ⅳ.①TS103
中国版本图书馆 CIP 数据核字(2022)第 212838 号

责任编辑:范雨昕　责任校对:高　涵　责任印制:王艳丽

中国纺织出版社有限公司出版发行
地址:北京市朝阳区百子湾东里 A407 号楼　邮政编码:100124
销售电话:010—67004422　传真:010—87155801
http://www.c-textilep.com
中国纺织出版社天猫旗舰店
官方微博 http://weibo.com/2119887771
三河市宏盛印务有限公司印刷　各地新华书店经销
2023 年 8 月第 1 版第 1 次印刷
开本:787×1092　1/16　印张:14.5
字数:250 千字　定价:68.00 元

前　言

随着科学技术的发展，液压传动技术发生了显著变化，应用领域也在不断扩大。液压传动技术作为机械类的一门专业核心课程，主要任务是使学生掌握液压传动的基础知识和各种液压元件的原理、特点、应用及选用；熟悉各类液压基本回路的功用、组成和应用场合；了解国内外先进液压传动技术的成果在机械产品中的应用。

本书在编写过程中，结合纺织机械，贯彻少而精、理论联系实际的原则，针对教学大纲及学时的要求对内容进行编排，主要表现为：

（1）本书系统介绍了液压传动技术的基本原理，通过对内容的组织与精选，简化理论，突出重点，并增加了应用实例，便于学生理解。

（2）在阐述元件工作原理的基础上，着重介绍其在液压系统中的应用，使元件与系统相结合。

（3）重在讲述通用元件、回路的工作原理及应用，多采用简明易懂的插图，元件的图形符号、回路、原理图均根据国标 GB/T 786.1—2009 绘制。

本书由西安工程大学机电工程学院刘霞、杨磊鹏、金守峰、曹亚斌、张守京、薛向珍等编著。

编写过程中作者参阅了国内外优秀的同类书籍和文献，在此特别感谢所有作者。在本书的编写过程中还得到了中国纺织出版社有限公司、西安工程大学机电工程学院等有关部门的大力支持，在此表示由衷的感谢。

由于编者水平有限，书中难免存在疏漏之处，敬请各位专家及广大读者批评指正。

编著者

于西安

2023 年 2 月

目　录

第1章

液压传动概论

液压传动是以液压油为工作介质进行能量传递和控制的一种传动形式，通过各种元件组成不同功能的基本回路，再由若干基本回路有机地组合成具有一定控制功能的传动系统。物理学中的帕斯卡定律指出"在密闭容器内，施加于静止液体上的压力将以等值同时传递到液体各点。"这一基本原理奠定了液压传动技术的理论基础。

1.1 液压传动的工作原理

液压传动的工作原理以图1-1所示的液压千斤顶为例来说明，当向上抬起杠杆时，小液压缸1的活塞向上运动，小液压缸1下腔容积增大形成局部真空，单向阀2关闭，油箱4的油液在大气压力作用下经吸油管顶开单向阀3进入小液压缸下腔。当向下压

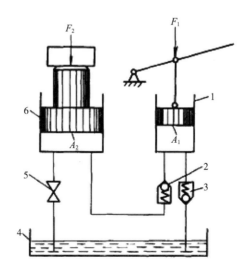

图1-1　液压千斤顶工作原理图

1—小液压缸　2—压油单向阀　3—吸油单向阀　4—油箱　5—截止阀　6—大液压缸

1

杠杆时，小液压缸 1 下腔容积减小，油液受挤压，压力升高，关闭单向阀 3，顶开单向阀 2，油液经压油管进入大液压缸 6 的下腔，推动活塞上移顶起重物。如此不断上下扳动杠杆，则不断有油液进入大液压缸 6 的下腔，使重物逐渐举升。如杠杆停止动作，大液压缸 6 下腔油液压力将使单向阀 2 关闭，大活塞连同重物一起被自锁不动，停止在举升位置。如打开截止阀 5，大液压缸 6 的下腔通油箱，活塞将在自重作用下向下移，迅速回复到原始位置。

由液压千斤顶的工作原理得知，小液压缸 1 与单向阀 2、3 一起完成吸油与压油过程，将杠杆的机械能转换为油液的压力能输出称为液压泵；大液压缸 6 顶起重物，将油液的压力能转换为机械能输出称为液压缸。由大、小液压缸组成了最简单的液压传动系统，实现了力和运动的传递。

1.1.1　力的传递

设大液压缸 6 活塞面积为 A_2，作用在活塞上的负载力为 F_2。该力在液压缸中所产生的液体压力为 $p_2 = F_2/A_2$。根据帕斯卡原理，在密闭容器内，施加于静止液体上的压力将以等值同时传递到液体各点，液压泵的排油压力 p_1 应等于液压缸中的液体压力，即 $p_1 = p_2 = p$，液压泵的排油压力称为系统压力。

为了克服负载力使液压缸活塞运动，作用在液压泵活塞上的作用力 F_1，应为：

$$F_1 = p_1 A_1 = p_2 A_2 = p A_1 \qquad (1-1)$$

式中：A_1 为液压泵活塞面积。

在 A_1、A_2 一定时，负载力 F_2 越大，系统中的压力 p 也越高，所需的作用力 F_1 也越大，即系统压力与外负载密切相关。这是液压传动工作原理的第一个特征：液压与气压传动中的工作压力取决于外负载。

1.1.2　运动的传递

如果不考虑液体的可压缩性、漏损和缸体、管路的变形，液压泵排出的液体体积必然等于进入液压缸的液体体积。设液压泵活塞位移为 s_1，液压缸活塞位移为 s_2，则有：

$$s_1 A_1 = s_2 A_2 \qquad (1-2)$$

上式两边同除以运动时间 t，得：

$$q_1 = v_1 A_1 = v_2 A_2 = q_2 \qquad (1-3)$$

式中：v_1、v_2 为液压泵活塞和液压缸活塞的平均运动速度；q_1、q_2 为液压泵输出的平均流量和液压缸输入的平均流量。

由上述可知，液压传动是靠密闭工作容积变化相等的原则实现运动（速度和位移）传递的。调节进入液压缸的流量 q，即可调节活塞的运动速度 v，这是液压与气压传动工作原理的第二个特征：活塞的运动速度只取决于输入流量的大小，而与外负载无关。

从上面的讨论还可以看出，与外负载力相对应的流体参数是流体压力，与运动速度相对应的流体参数是流体流量。因此，压力和流量是液压传动中两个最基本的参数。

1.2　液压传动系统的组成

工程实际中的液压传动系统如图 1-2 所示，液压泵 3 由电动机驱动旋转，从油箱 1 经过滤器 2 吸油。当换向阀 5 阀芯处于图示位置时，压力油经阀 4、阀 5 和管道 9 进入液压缸 7 的左腔，推动活塞向右运动。液压缸右腔的油液经管道 6、阀 5 和管道 10 流回油箱。改变阀 5 阀芯工作位置，使之处于左端位置时，液压缸活塞反向运动。改变流量控制阀 4 的开口，可以改变进入液压缸的流量，从而控制液压缸活塞的运动速度，

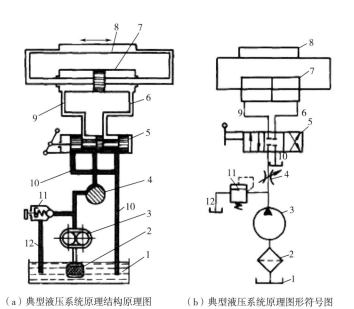

（a）典型液压系统原理结构原理图　　（b）典型液压系统原理图形符号图

图 1-2　典型液压系统原理图

1—油箱　2—过滤器　3—液压泵　4—流量控制阀　5—换向阀

6，9，10，12—管道　7—液压缸　8—工作台　11—溢流阀

液压泵输出的多余油液经溢流阀 11 和管道 12 流回油箱。液压缸的工作压力取决于负载，液压泵的最大工作压力由溢流阀 11 调定，其调定值应为液压缸的最大工作压力及系统中油液流经阀和管道的压力损失之总和。因此系统的工作压力不会超过溢流阀的调定值，溢流阀对系统还起着过载保护作用。

从上面例子可以看出，液压传动系统主要由以下五部分组成。

1.2.1　能源装置

能源装置是指将机械能转换成液体压力能的装置。常见的是液压泵，为系统提供压力油液或压缩空气。

1.2.2　执行元件

执行元件是指将液体的压力能转换成机械能输出的装置。它可以是做直线运动的液压缸，也可以是做回转运动的液压马达。

1.2.3　控制与调节元件

控制与调节元件是指对系统中液体的压力、流量及流动方向进行控制和调节的装置及进行信号转换、逻辑运算、放大等功能的信号控制元件。

1.2.4　辅助元件

辅助元件是指保证系统正常工作所需的上述三种以外的装置，如过滤器、油箱、管件等。

1.2.5　工作介质

用工作介质可进行能量和信号的传递。液压系统以液压油液作为工作介质。

为了简化液压传动系统的表示方法，通常采用图形符号来绘制系统的原理图。各类元件的图形符号脱离了具体结构，只表示其职能，由它们组成的系统原理图表达了系统的工作原理及各元件在系统中的作用，如图 1-2 所示。按 GB/T 7861—2009 规定的图形符号标准绘制。

1.3 液压传动的特点

1.3.1 液压传动的优点

（1）液压元件的布置不受严格的空间位置限制，系统中各部分用管道连接，布局安装有很大的灵活性，能构成用其他方法难以组成的复杂系统。

（2）可以在运行过程中实现大范围的无级调速，调速范围可达 2000∶1。

（3）液压传动传递运动均匀平稳，易于实现快速启动、制动和频繁换向。

（4）操作控制方便、省力，易于实现自动控制、中远程距离控制、过载保护。与电气控电子控制相结合，易于实现自动工作循环和自动过载保护。

（5）液压元件属机械工业基础件，标准化、系列化和通用化程度较高，有利于缩短机器的设计、制造周期和降低制造成本。

除此之外，液压传动突出的优点还有单位质量输出功率大。因为液压传动的动力元件可采用很高的压力（可达 32MPa），因此，在同等输出功率下具有体积小、质量小、运动惯性小、动态性能好的特点。

1.3.2 液压传动的缺点

（1）液压油流动的阻力损失和泄露是不可避免的，因此液压传动在工作过程中存在较多的能量损失。

（2）工作性能容易受到温度变化的影响，不宜在很高或很低的环境下工作。

（3）为了减少泄露，液压元件的制造精度要求较高，价格较贵。

（4）出现故障不易排查。

1.4 液压传动技术的发展与应用

液压传动相对于机械传动来说是一门新兴技术。虽然从 17 世纪中叶帕斯卡提出静压传递原理、18 世纪末英国制造出世界上第一台水压机算起，已有几百年的历史，但液压与气压传动在工业上被广泛采用和有较大幅度的发展却是 20 世纪中期以后的事情。

近代液压传动是由 19 世纪崛起并蓬勃发展的石油工业推动起来的，最早实践成功的液压传动装置是舰艇上的炮塔转位器，其后才在机床上应用。第二次世界大战期间，由于军事工业和装备迫切需要反应迅速、动作准确、输出功率大的液压传动及控制装置，促使液压技术迅速发展。战后，液压技术很快转入民用工业，在机床、工程机械、冶金机械、塑料机械、农林机械、汽车、船舶等行业得到了大幅度的应用和发展。20世纪60年代以后，随着原子能、空间技术、电子技术等方面的发展，液压技术向更广阔的领域渗透，发展成为包括传动、控制和检测在内的一门完整的自动化技术。现今，采用液压传动的程度已成为衡量一个国家工业水平的重要标志之一。如发达国家生产的95%的工程机械、90%的数控加工中心、95%以上的自动线都采用了液压传动。

随着液压机械自动化程度的不断提高，液压元件应用数量急剧增加，元件小型化、系统集成化是必然的发展趋势。特别是近十年来，液压技术与传感技术、微电子技术密切结合，出现了许多诸如电液比例控制阀、数字阀、电液伺服液压缸等机（液）电一体化元器件，使液压技术在高压、高速、大功率、节能高效、低噪声、使用寿命长、高度集成化等方面取得了重大进展。无疑，液压元件和液压系统的计算机辅助设计（CAD）、计算机辅助试验（CAT）和计算机实时控制也是当前液压技术的发展方向。

习　题

1. 如题图 1-1 所示，两液压缸的结构和尺寸均相同，无杆腔和有杆腔的面积各为 A_1 和 A_2，$A_1 = 2A_2$，两缸承受负载 F_1 和 F_2，且 $F_1 = 2F_2$，液压泵流量 q，试求两缸并联和串联时，活塞移动速度和缸内的压力。

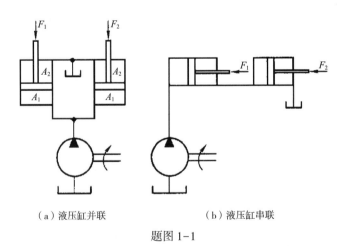

(a) 液压缸并联　　　　　　　　(b) 液压缸串联

题图 1-1

2. 什么是液压传动？其基本工作原理是什么？

3. 液压传动系统主要由哪几部分组成？试说明各部分的作用。

4. 液压传动与其他传动相比有哪些优缺点？

第2章

液压流体力学基础

2.1 液压油

2.1.1 液压油的作用

液压系统中的工作介质是液压油，在液压传动及控制中起到传递能量和信号的作用。此外，液压油也可以对液压泵、液压阀等运动元件具有润滑、防锈的作用，吸收并带走液压元件所产生的热能。液压系统能否正常、有效地工作，液压油起到了关键的作用。

2.1.2 液压油的性质

2.1.2.1 密度

单位体积液体的质量称为该液体的密度，即：

$$\rho = \frac{m}{V} \tag{2-1}$$

式中：V 为液体的体积；m 为体积为 V 的液体的质量；ρ 为液体的密度。

密度是液体的一个重要物理参数。随着温度或压力的变化，其密度也会发生变化，但变化量一般很小，可以忽略不计。一般液压油的密度为 $900\text{kg}/\text{m}^3$。

2.1.2.2 可压缩性

液体受压力作用而发生体积减小的性质称为液体的可压缩性。液体的体积为 V，当压力增大 Δp 时，体积减小 ΔV，则液体在单位压力变化下的体积相对变化量为：

$$k = -\frac{1}{\Delta p}\frac{\Delta V}{V} \tag{2-2}$$

式中：k 为液体的压缩系数。

由于压力增大时液体的体积减小，因此式（2-2）的右边加负号，以使 k 为正值。液体的压缩系数（k）的倒数称为液体的体积弹性模量，以 K 表示。

$$K = \frac{1}{k} = -\frac{\Delta p}{\Delta V}V \tag{2-3}$$

液体的体积弹性模量（K）表示产生单位体积相对变化量所需要的压力增量，在实际应用中，常用 K 值说明液体抵抗压缩能力的大小。液压油的体积弹性模量为 $K = (1.2 \sim 2) \times 10^3 \mathrm{MPa}$，数值很大，故对于一般液压系统，可认为油液是不可压缩的。

但是，若液压油中混入空气时，其可压缩性将显著增加，体积弹性模量显著降低，并将严重影响液压系统的工作性能。故在液压系统中尽量减少油液中的空气含量。

2.1.2.3 黏性

（1）黏性的意义

液体在外力作用下流动时，液体分子间内聚力会阻碍分子相对运动，即液体分子之间产生一种内摩擦力，这一特性称为液体的黏性。黏性是液体的重要物理特性，也是选择液压用油的依据。

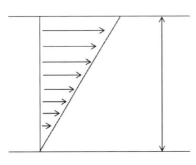

图 2-1 液体流动原理图

液体流动时，由于液体和固体壁面间的附着力以及液体的黏性，会使液体内各液层间的速度大小不等。如图 2-1 所示，设在两个平行平板之间充满液体，当上平板以速度 u_0 相对于静止的下平板向右移动时，在附着力的作用下，紧贴于上平板的液体层速度为 u_0，而中间各层液体的速度则从上到下近似呈线性递减的规律分布，这是因为在相邻两液体层间存在内摩擦力的缘故，该力对上层液体起阻滞作用，而对下层液体则起拖曳作用。

实验表明，液体流动时相邻液层间的内摩擦力 F_f 与液层接触面积 A、液层间的速度梯度 $\mathrm{d}u/\mathrm{d}y$ 成正比，则有：

$$F_\mathrm{f} = \mu A \frac{\mathrm{d}u}{\mathrm{d}y} \tag{2-4}$$

式中：μ 为比例系数，又称为黏度系数或动力黏度。

若 τ 表示液层间在单位面积上的内摩擦力，则式（2-4）可写成：

$$\tau = \frac{F_f}{A} = \mu \frac{du}{dy} \tag{2-5}$$

这就是牛顿液体内摩擦定律。由式（2-5）可知，在静止液体中，因速度梯度 $du/dy = 0$，故内摩擦力为零，因此液体在静止状态下是不呈现黏性的。

（2）液体的黏度

液体黏性的大小用黏度来表示，常用的黏度有三种，即绝对黏度、运动黏度和相对黏度。

①绝对黏度（μ）。绝对黏度又称动力黏度，表征液体黏度的内摩擦系数，由式（2-5）可知：

$$\mu = \tau \left/ \frac{du}{dy} \right. \tag{2-6}$$

绝对黏度的物理意义为：当速度梯度 $du/dy = 1$ 时，液体液层间单位面积上的内摩擦力即为绝对黏度。绝对黏度的单位为 Pa·s。

②运动黏度（ν）。运动黏度为动力黏度与液体密度的比值，即：

$$\nu = \mu / \rho \tag{2-7}$$

运动黏度没有明确的物理意义，因为在其单位中只有长度和时间的量纲，所以称为运动黏度。它是工程实际中经常用到的物理量。运动黏度 ν 的单位为 m^2/s。通常用 cm^2/s（平方厘米/秒），通常称为 St（沲），1St（沲）= 100cSt（厘沲）。两种单位制的换算关系为：

$$1m^2/s = 10^4 St = 10^6 cSt \tag{2-8}$$

在物理意义上，ν 并不是一个黏度的量，但工程中常用它来标志液体的黏度。例如，液压油的牌号是这种油液在 40℃时的运动黏度 ν（mm^2/s）的平均值，如 L-AN32 就表示指这种液压油在 40℃时运动黏度 ν 的平均值为 $32mm^2/s$ 或称 $32^{\#}$ 液压油。

③相对黏度。相对黏度又称条件黏度，它是采用特定的黏度计在规定的条件下测试出来的液体黏度，根据测量条件的不同，各国采用的相对黏度的单位也不同，如我国、德国等采用的恩氏黏度（$°E$），美国采用的国际赛氏黏度（SSU），英国采用的雷氏黏度（R）等。

恩氏黏度由恩氏黏度计测定如图 2-2 所示，将 $200cm^3$ 的被测液体装入底部有 $\phi 2.8mm$ 小孔的恩氏黏度计的容器中，在某一特定温度 t℃时，测定液体在自重作用下流过小孔所需的时间 t_1，和同体积的蒸馏水在 20℃时流过同一小孔所需的时间 t_2 之比值，便是该液体 t℃时的恩氏黏度。

恩氏黏度用符号 $°E_t$ 表示：

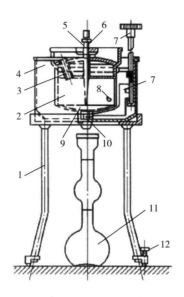

图 2-2　恩氏黏度计

1—铁三脚架　2—内容器　3—温度计插孔　4—外容器　5—木塞插孔　6—木塞
7—搅拌器　8—小尖顶　9—球面形底　10—流出孔　11—接受瓶　12—水平调节螺钉

$$°E_t = t_1/t_2 \qquad (2-9)$$

一般以 $20℃$、$50℃$、$100℃$ 作为测定恩氏黏度的标准温度，由此而得来的恩氏黏度分别用 $°E_{20}$、$°E_{50}$ 和 $°E_{100}$ 表示。

（3）黏度和温度的关系

温度对油液黏度影响很大，两者的关系由如图 2-3 所示的黏温特性曲线可知，当油液温度升高时，其黏度显著下降。油液黏度的变化直接影响液压系统的性能和泄漏量，因此希望黏度随温度的变化越小越好。

（4）黏度与压力的关系

压力对油液的黏度也有一定的影响，压力越高，分子间的距离越小，因此黏度变大。不同的油液有不同的黏度压力变化关系。这种关系称为油液的黏压特性。

在液压系统中，若系统的压力不高，压力对黏度的影响较小，一般可忽略不计。当压力较高或压力变化较大时，则压力对黏度的影响必须考虑。

（5）其他特性

液压油液还有其他一些物理化学性质，如抗燃性、抗氧化性、抗凝性、抗泡沫性、抗乳化性、防锈性、润滑性、导热性、稳定性以及相容性（主要指对密封材料、软管等不侵蚀、不溶胀的性质）等，这些性质对液压系统的工作性能有重要影响。对于不同品种的液压油液，这些性质的指标是不同的，具体应用时可查油类产品手册。

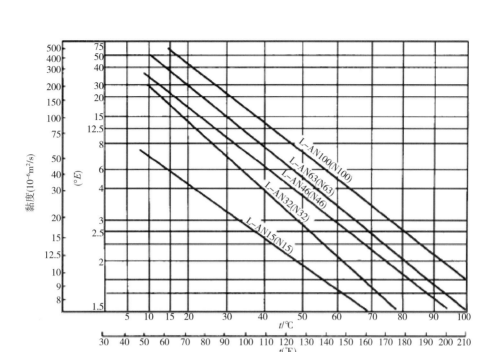

图 2-3　几种液压油液的黏温特性曲线

2.1.3　液压油液的要求

液压系统中的工作油液具有双重作用，一是作为传递能量的介质，二是作为润滑剂润滑运动零件的工作表面，因此油液的性能会直接影响液压传动的性能，如工作的可靠性、灵敏性、工况的稳定性、系统的效率及零件的寿命等。

一般在选择油液时应满足以下要求：

①黏温特性好。在使用温度范围内，油液黏度随温度的变化越小越好。

②具有良好的润滑性。即油液润滑时产生的油膜强度高，以免产生干摩擦。

③成分要纯净，不应含有腐蚀性物质，以免侵蚀机件和密封元件。

④具有良好的化学稳定性。油液不易氧化，不易变质，以防产生黏质沉淀物影响系统工作，防止氧化后油液变为酸性，对金属表面起腐蚀作用。

⑤抗泡沫性好，抗乳化性好，对金属和密封件有良好的相容性。

⑥体积膨胀系数低，比热容和传热系数高；流动点和凝固点低，闪点和燃点高。

⑦无毒性，价格便宜。

随着液压技术应用领域的不断扩大和对性能要求的不断提高，其工作介质的品种越来越多，按 ISO 6743/4（GB 7631.2—1987），液压介质分为两类：一类是易燃的烃类液压油（矿物油型和合成烃型）；另一类是难燃（或抗燃）液压油液。难燃液包括含水型及无水型两大类液：含水型，如高水机液（HFA）、油包水乳化液（HFB）、水—乙二醇（HFC）；无水型合成（HFD），如磷酸酯。但目前最广泛使用的仍然是矿物油型液压油。

2.1.4 液压油液的选用

选择液压用油首先要考虑的是黏度问题。在一定条件下，选用的油液黏度太高或太低，都会影响系统的正常工作。黏度高的油液流动时产生的阻力较大，克服阻力所消耗的功率较大，而此功率损耗又将转换成热量使油温上升。黏度太低，会使泄漏量加大，使系统的容积效率下降。一般液压系统的油液黏度在，$\nu_{40} = （10\sim60）\times10^6 m^2/s$之间，更高黏度的油液应用较少。

在选择液压用油时要根据具体情况或系统的要求来选用黏度合适的油液，一般考虑以下几个方面：

①液压系统的工作压力。工作压力较高的液压系统宜选用黏度较大的液压油，以减少系统泄漏；反之，可选用黏度较小的油。

②环境温度。环境温度较高时宜选用黏度较大的液压油。

③运动速度液压系统执行元件运动速度较高时，为减小液流的功率损失，宜选用黏度较低的液压油。

④液压泵的类型在液压系统的所有元件中，以液压泵对液压油的性能最为敏感，因为泵内零件的运动速度很高，承受的压力较大，润滑要求苛刻，温升高。因此，常根据液压泵的类型及要求来选择液压油的黏度。

2.2 液体静力学

液体静力学是研究液体处于静止状态下的力学规律以及这些规律的应用。静止液体是指液体内部质点之间没有相对运动，至于液体整体，可以像刚体一样做各种运动。

2.2.1 静压力及其特性

2.2.1.1 液体的静压力

静止液体在单位面积上所受的内法线方向的法向应力称为静压力，液体静压力在物理学上称为压强，在工程实际应用中习惯上称为压力。

若法向作用力 F 均匀地作用在面积 A 上，则静压力可表示为：

$$p = \frac{F}{A} \tag{2-10}$$

2.2.1.2　液体静压力的特性

①液体静压力垂直于其承压面，其方向与该面的内法线方向一致。
②静止液体内任一点所受到的静压力在各个方向上都相等。

2.2.1.3　压力的单位

静压力的单位为帕（Pa，N/m²），此外，还允许使用的单位巴（bar）和以前常用的一些单位，如工程大气压（at）、水柱高或汞柱高等。各种压力单位之间的换算关系为：

$1\text{Pa} = 1\text{N/m}^2$

$1\text{bar} = 1 \times 10^5 \text{Pa} = 1 \times 10^5 \text{N/m}^2$

$1\text{MPa} = 1 \times 10^6 \text{Pa}$

$1\text{at} = 1\text{kgf/cm}^2 = 9.8 \times 10^4 \text{N/m}^2$

$1\text{mH}_2\text{O} = 9.8 \times 10^3 \text{N/m}^2$

$1\text{mmHg} = 1.33 \times 10^2 \text{N/m}^2$

2.2.2　静压力基本方程式及压力的表示方法

2.2.2.1　静压力基本方程式

在重力作用下的静止液体所受的力，除了液体重力，还有液面上的压力和容器壁面作用在液体上的压力，其受力情况如图 2-4（a）所示。如果计算距离液面深度为 h 的某一点压力，可以从液体内取出一个底面通过该点的垂直小液柱作为研究对象，设小液柱底面积为 ΔA，高为 h，如图 2-4（b）所示，小液柱在重力和周围液体的压力作用下处于平衡状态，其在垂直方向上的力的平衡方程式为：

$$p\Delta A = p_0 \Delta A + \rho g h \Delta A \tag{2-11}$$

将式（2-11）化简后得：

$$p = p_0 + \rho g h \tag{2-12}$$

式（2-12）即为液体的静压力基本方程式。

13

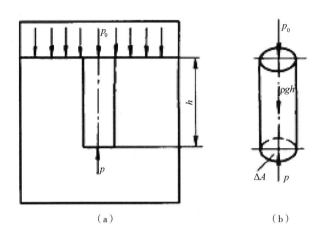

图 2-4　静止液体内压力分布规律

由液体的静压力基本方程式可知静止液体的压力分布有如下特征：

①静止液体内任一点的压力由两部分组成：一部分是液面上的压力 p_0，另一部分是该点以上液体自重所形成的压力 ρgh。当液面上只受大气压力 p_a 作用时，液体内距液面为 h 的任一点处的压力为：

$$p = p_a + \rho gh \qquad (2\text{-}13)$$

②静止液体内的任一点压力随液体深度呈线性规律递增。

③离液面深度相同处各点的压力均相等，而压力相等的所有点组成的面称为等压面。在重力作用下静止液体中的等压面为水平面，而与大气接触的自由表面也是等压面。

④静止液体的能量守恒，即：

$$\frac{p_0}{\rho} + h_0 g = \frac{p}{\rho} + hg = 常量 \qquad (2\text{-}14)$$

式中：p/ρ 为静止液体中单位质量液体的压力能；hg 为单位质量液体的势能。式（2-14）的物理意义为静止液体中任一质点的压力能与势能之和不变，并能相互转换，即能量守恒。

2.2.2.2　压力的表示方法及单位

根据度量基准的不同，液体压力分为绝对压力和相对压力两种。当压力以绝对真空作为基准所表示的压力称为绝对压力；以大气压为基准所表示的压力称为相对压力。绝对压力与相对压力之间的关系如图 2-5 所示。大气中的物体受大气压的作用是自相平衡的，所以用压力表测得的压力数值是相对压力。在液压传动中所提到的压力，如不特别指明，均为相对压力，又称表压力。

当液体中某点处的绝对压力小于大气压力时，绝对压力小于大气压力的那部分压力值，称为真空度，此时相对压力为负值，又称负压，则有：

$$真空度 = 大气压力 - 绝对压力$$

例 2-1　如图 2-6 所示，容器内充满油液。已知油的密度 $\rho = 900\text{kg/m}^3$，活塞上的作用力 $F = 1000\text{N}$，活塞面积 $A = 1 \times 10^{-3}\text{m}^2$，忽略活塞的质量。问活塞下方深度为 $h = 0.5\text{m}$ 处的静压力等于多少?

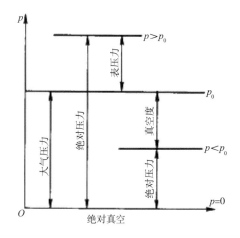

图 2-5　绝对压力和相对压力　　　图 2-6　液体内压力的计算

解：根据式（2-12），活塞与油液接触面上的压力为：

$$p_0 = \frac{F}{A} = \frac{1000}{1 \times 10^{-3}}$$

则深度为 0.5m 处的液体压力为：

$$p = p_0 + \rho g h = (10^6 + 900 \times 9.8 \times 0.5)\,\text{Pa}$$

$$= 1.0044 \times 10^6 (\text{N/m}^2) \approx 10^6 (\text{N/m}^2)$$

$$= 10 \times 10^5 \text{Pa}$$

由此可见，相比液体所受到的外界压力，由液体自重产生的那部分静压力很小，在工程计算中可以忽略不计，并认为静止液体内部的压力是近似相等的。

2.2.3　帕斯卡原理

在密闭容器内，施加于静止液体的压力可以等值地传递到液体各点。这就是帕斯卡原理，又称静压传递原理。

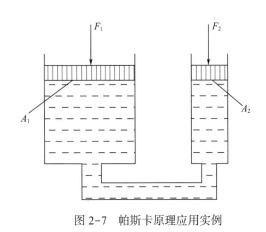

图 2-7 帕斯卡原理应用实例

图 2-7 所示是应用帕斯卡原理的实例，图中大小两个液压缸由连通管相连构成密闭容器。其中大缸活塞面积为 A_1，作用在活塞上的负载为 F_1，液体所形成的压力 $p = F_1/A_1$。由帕斯卡原理可知：小活塞处的压力为 p，若小活塞面积为 A_2，则为防止大活塞下降，在小活塞上应施加的为：

$$F_2 = pA_2 = \frac{A_2}{A_1}F_1 \qquad (2-15)$$

由式（2-15）可知，由于 $(A_2/A_1) < 1$，所以用一个很小的推力 F_2 就可以推动一个比较大的负载 F_1，液压千斤顶就是依据这一原理制成的。

从负载与压力的关系还可以发现，当大活塞上的负载 $F_1 = 0$ 时，不考虑活塞自重和其他阻力，则不论怎样推动小液压缸的活塞，也不能在液体中形成压力，这说明液体内的压力是由外负载决定的，这是液压传动中一个很重要的概念。

2.2.4 静压力对固体壁面的作用力

液体和固体壁面接触时，固体壁面将受到液体静压力的作用。当固体壁面为平面时，液体压力在该平面上的总作用力 F 等于液体压力 p 与该平面面积 A 的乘积，其作用方向与该平面垂直，即：

$$F = pA \qquad (2-16)$$

当固体壁面为曲面时，液体压力在该曲面某方向上的总作用力 F_x 等于液体压力 p 与曲面在该方向投影面积 A_x 的乘积，即：

$$F_x = pA_x \qquad (2-17)$$

例 2-2 液压缸缸筒如图 2-8 所示，缸筒半径为 r，长度为 l，试求液压油液对缸筒右半壁内表面在 x 方向上的作用力 F_x。

解：在右半壁面上取一微小面积 $dA = lds = lrd\theta$，则压力油作用在 dA 上的力 $dF = pdA$ 的水平分力：

$$dF_x = dF\cos\theta = pdA\cos\theta = plr\cos\theta d\theta$$

对上式积分，得右半壁面在 x 方向的作用力，即：

$$F_x = \int_{-\frac{\pi}{2}}^{\frac{\pi}{2}} dF_x = \int_{-\frac{\pi}{2}}^{\frac{\pi}{2}} plr\cos\theta d\theta = 2plr = pA_x$$

式中：A_x 为缸筒右半壁面在 x 方向的投影面积，$A_x = 2rl$。

同理可求得液压油液作用在左半壁面 x 反方向的作用力 $F'_x = pA_x$。因 $F_x = -F'_x$，所以液压油液作用在缸筒内壁的合力为零。

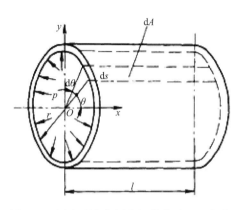

图 2-8　压力油液作用在缸筒内壁面上的力

2.3 液体动力学

液体动力学的主要内容是研究液体流动时流速和压力的变化规律。流动液体的连续性方程、伯努利方程、动量方程是描述流动液体力学规律的三个基本方程式。连续性方程、伯努利方程反映压力、流速与流量之间的关系，动量方程用来解决流动液体与固体壁面间的作用力问题。这些内容不仅构成了液体动力学的基础，而且是液压传动技术中分析问题和设计计算的理论依据。

2.3.1　基本概念

2.3.1.1　理想液体和恒定流动

（1）理想液体

由于液体具有黏性，而且黏性只是在液体运动时才体现出来，因此在研究流动液体时必须考虑黏性的影响。液体中的黏性问题非常复杂，为了分析和计算问题的方便，先假设液体没有黏性，再考虑黏性的影响，并通过实验验证等办法对已得出的结果进行补充或修正。对于液体的可压缩问题，也可采用同样方法来处理。

在研究流动液体时，把假设的既无黏性又不可压缩的液体称为理想液体。而把事实上既有黏性又可压缩的液体称为实际液体。

（2）恒定流动

当液体流动时，如果液体中任一点处的压力、速度和密度都不随时间而变化，则液体的这种流动称为恒定流动，又称定常流动或非时变流动；反之，若液体中任一点处的压力、速度和密度中有一个随时间而变化时，即称为非恒定流动，又称非定常流动或时变流动。如图 2-9 所示，图 2-9（a）为恒定流动，图 2-9（b）为非恒定流动。非恒定流动情况复杂，本节主要介绍恒定流动时的基本方程。

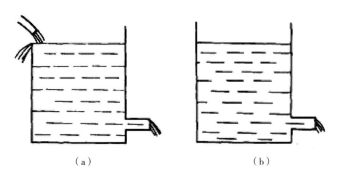

（a）   （b）

图 2-9　恒定流动和非恒定流动

2.3.1.2　通流截面、流量和平均流速

液体在管道中流动时，其垂直于流动方向的截面称为通流截面（或过流截面）。

单位时间内流过某一通流截面的液体体积称为流量。其表达式为：

$$q = \frac{V}{t} \tag{2-18}$$

式中：q 为流量；V 为液体体积；t 为流过 V 所需时间（m^3/s 或 L/min）。

由于流动液体黏性的作用，在通流截面上各点的流速 u 一般是不相等的。在计算流过整个通流截面 A 的流量时，可在通流截面 A 上取一微小截面 dA（图 2-10），并认为在该断面各点的速度 u 相等，则流过该微小断面的流量为：

$$dq = udA$$

流过整个通流截面 A 的流量为：

$$q = \int_A udA \tag{2-19}$$

对于实际液体的流动，速度 u 的分布规律很复杂（图 2-10），故按式（2-19）计算流量是困难的。因此，提出一个平均流速的概念，即假设通流截面上各点的流速均匀分布，液体以此均布流速 v 流过通流截面的流量等于以实际流速流过的流量，即：

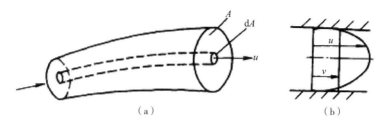

图 2-10　流量和平均流速

$$q = \int_A u\,dA = vA \tag{2-20}$$

由此得出通流截面上的平均流速为：

$$v = q/A \tag{2-21}$$

在实际的工程计算中，平均流速才具有应用价值。液压缸工作时，活塞的运动速度就等于缸内液体的平均流速，当液压缸有效面积一定时，活塞运动速度由输入液压缸的流量决定。

2.3.2　连续方程

连续方程是质量守恒定律在流体力学中的一种表达形式。图 2-11 为一不等截面管，液体在管内作恒定流动，任取 1、2 两个通流截面，设其面积分别为 A_1 和 A_2，两个截面中液体的平均流速和密度分别为 v_1、ρ_1 和 v_2、ρ_2，根据质量守恒定律，在单位时间内流过两个截面的液体质量相等，即：

$$\rho_1 v_1 A_1 = \rho_2 v_2 A_2$$

不考虑液体的压缩性，有 $\rho_1 = \rho_2$，则得：

$$v_1 A_1 = v_2 A_2 \tag{2-22}$$

或写为：

$$q = vA = 常量 \tag{2-23}$$

式（2-23）为液流的流量连续方程，它说明恒定流动中流过各截面的不可压缩流体的流量是不变的。因而流速和通流截面的面积成反比。

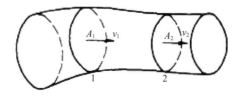

图 2-11　液流连续方程推导用图

2.3.3 伯努利方程

伯努利方程是能量守恒定律在流体力学中的一种表达形式。

2.3.3.1 理想液体的伯努利方程

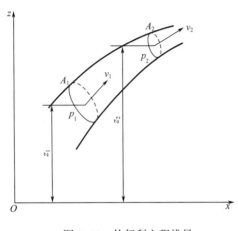

图 2-12 伯努利方程推导

理想液体因无黏性，又不可压缩，因此在管内作恒定流动时没有能量损失。根据能量守恒定律，同一管道任一通流截面的总能量都是相等的。如前所述，对静止液体，单位质量液体的总能量为单位质量液体的压力能 p/ρ 和势能 zg 之和；而对于流动液体，除以上两项外，还有单位质量液体的动能 $v^2/2$。

在图 2-12 中任取两个截面 A_1 和 A_2，它们距基准水平面的距离分别为 z_1 和 z_2，断面平均流速分别为 v_1 和 v_2，压力分别为 p_1 和 p_2。根据能量守恒定律有：

$$\frac{p_1}{\rho} + z_1 g + \frac{v_1^2}{2} = \frac{p_2}{\rho} + z_2 g + \frac{v_2^2}{2} \tag{2-24}$$

因两个通流截面是任意取的，因此上式可改写为：

$$\frac{p}{\rho} + zg + \frac{v^2}{2} = 常量 \tag{2-25}$$

以上两式即为理想液体的伯努利方程，其物理意义为：在管内做恒定流动的理想流体具有压力能、势能和动能三种形式的能量，在任一截面上这三种能量可以互相转换，但其总和不变，即能量守恒。

2.3.3.2 实际液体伯努利方程

实际液体在管道内流动时：由于液体存在黏性，会产生内摩擦力，消耗能量；由于管道形状和尺寸的变化，液流会产生扰动，消耗能量。因此，实际液体流动时存在能量损失，设单位质量液体在两截面之间流动的能量损失为 $h_w g$。另外，因实际流速 u 在管道通流截面上的分布不是均匀的，为方便计算，一般用平均流速替代实际流速计算动能。显然，这将产生计算误差。为修正这一误差，便引进了动能修正系数 α，它等于单位时间内某截面处的实际动能与按平均流速计算的动能之比，其表达式为：

$$\alpha = \frac{\frac{1}{2}\int_A u^2 \rho u \mathrm{d}A}{\frac{1}{2}\rho A v v^2} = \frac{\int_A u^3 \mathrm{d}A}{v^3 A} \tag{2-26}$$

动能修正系数 α 在湍流时取 $\alpha = 1.1$，在层流时取 $\alpha = 2$。实际计算时常取 $\alpha = 1$。

在引进了能量损失 $h_w g$ 和动能修正系数 α 后，实际液体的伯努利方程表示为：

$$\frac{p_1}{\rho} + z_1 g + \frac{\alpha_1 v_1^2}{2} = \frac{p_2}{\rho} + z_2 g + \frac{\alpha_2 v_2^2}{2} + h_w g \tag{2-27}$$

在利用上式进行计算时必须注意的是：

（1）截面 1、2 应顺流向选取，且选在流动平稳的通流截面上。

（2）z 和 p 应为通流截面的同一点上的两个参数，为方便起见，一般将这两个参数定在通流截面的轴心处。

例 2-3　应用伯努利方程分析液压泵正常吸油的条件，液压泵装置如图 2-13 所示，设液压泵吸油口处的绝对压力为 p_2，油箱液面压力 p_1 为大气压 p_a，泵吸油口至油箱液面高度为 h。

解：取油箱液面为基准面，并定为 1—1 截面，泵的吸油口处为 2—2 截面，对两截面列伯努利方程（动能修正系数取 $\alpha_1 = \alpha_2 = 1$）有：

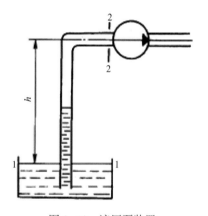

图 2-13　液压泵装置

$$\frac{p_1}{\rho} + \frac{v_1^2}{2} = \frac{p_2}{\rho} + \frac{v_2^2}{2} + hg + h_w g \tag{2-28}$$

式中：p_1 为大气压；v_1 为油箱液面流速，可视为 0；v_2 为吸油管速；$h_w g$ 为吸油管路的能量损失。代入已知条件，式（2-28）可简化为：

$$\frac{p_a}{\rho} = \frac{p_2}{\rho} + hg + \frac{v_2^2}{2} + h_w g$$

即液压泵吸油口的真空度为：

$$p_a - p_2 = \rho g h + \frac{1}{2}\rho v_2^2 + \rho g h_w = \rho g h + \frac{1}{2}\rho v_2^2 + \Delta p$$

由此可知：液压泵吸油口的真空度由三部分组成，包括产生一定流速 v_2 所需的压力，把油液提升到高度 h 所需的压力和吸油管的压力损失。

为保证液压泵正常工作，液压泵吸油口的真空度不能太大。若真空度太大，在绝对压力 p_2 低于油液的空气分离压 p_g 时，溶于油液中的空气会分离析出形成气泡，产生气穴现象，出现振动和噪声。为此，必须限制液压泵吸油口的真空度小于 $0.3 \times 10^5 \mathrm{Pa}$，具体措施除增大吸油管直径、缩短吸油管长度、减少局部阻力以降低 $\frac{1}{2}\rho v_2^2$ 和 Δp 两项外，一般对液压泵的吸油高度 h 进行限制，通常取 $h \leqslant 0.5\mathrm{m}$ 安装在油箱液面以下，则 h 为负值，对降低液压泵吸油口的真空度更为有利。

2.3.4 动量方程

动量方程是动量定理在流体力学中的应用。动量方程可以用来计算流动液体作用于限制其流动的固体壁面上的总作用力。根据刚体力学动量定理：作用在物体上全部外力的矢量和应等于物体在力作用方向上的动量的变化率，即：

$$\sum F = \frac{\Delta(mu)}{\Delta t} \qquad (2-29)$$

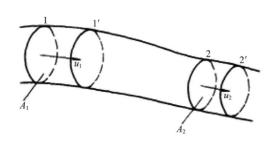

如图2-14所示的管流中液体作恒定流动，任意取出通流截面1、2所限制的液体体积作为控制体积，截面1、2为控制表面。截面1、2的通流面积分别为 A_1、A_2，流速分别为 u_1、u_2。设该段液体在 t 时刻的动量为 $(mu)_{1-2}$，经 Δt 时间后，该段液体移动到 $1'-2'$ 位置，在新位置上液体的动量为

图2-14 动量方程推导用图

$(mu)_{1'-2'}$，在 Δt 时间内动量的变化为：

$$\Delta(mu) = (mu)_{1'-2'} - (mu)_{1-2}$$

而

$$(mu)_{1-2} = (mu)_{1-1'} + (mu)_{1'-2}$$

$$(mu)_{1'-2'} = (mu)_{1'-2} + (mu)_{2-2'}$$

液体做恒定流动，则 $1'-2$ 之间液体的各点流速经 Δt 后没有变化，所以 $1'-2$ 之间液体的动量也没有变化，故：

$$\Delta(mu) = (mu)_{1'-2'} - (mu)_{1-2}$$

$$= (mu)_{2-2'} - (mu)_{1-1'}$$

$$= \rho q \Delta t u_2 - \rho q \Delta t u_1$$

由式（2-29）得：

$$\sum F = \frac{\Delta(mu)}{\Delta t} = \rho q(u_2 - u_1) \qquad (2-30)$$

式（2-30）为液体作恒定流动时的动量方程。方程表明：作用在液体控制体积上的外力总和等于单位时间内流出控制表面与流入控制表面的液体的动量之差。

式（2-30）为矢量表达式，在应用时根据具体要求，向指定方向投影，计算该方向的分量。根据作用力与反作用力相等原理，液体也以同样大小的力作用在使其流速发生变化的物体上。由此，可按动量方程计算流动液体作用在固体壁面上的作用力，该作用力又称为稳态液动力（液动力）。

例 2-4　图 2-15 为一滑阀示意图，当液流通过滑阀时，试求液流对阀心的轴向作用力。

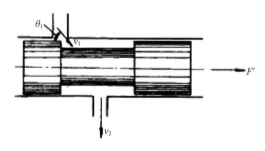

图 2-15　滑阀上的液动力

解：取阀进出口之间的液体为控制体积，设液流做恒定流动，则作用在此控制体积内液体上的力按式（2-30）为：

$$F = \rho q (v_2 \cos\theta_2 - v_1 \cos\theta_1)$$

式中：θ_1、θ_2 为液流流经滑阀时进、出口流束与滑阀轴线之间的夹角，称为液流速度方向角。因 $\theta_2 = 90°$，由此可得：

$$F = \rho q v_1 \cos\theta_1 \text{（方向向左）}$$

而液体对阀心的轴向作用力为：

$$F' = -F = \rho q v_1 \cos\theta_1 \text{（方向向右）}$$

即这时液流有一个试图使阀口关闭的液动力。

例 2-5　图 2-16 所示为一锥阀，锥阀的锥角为 2α。液体在压力 p 的作用下以流量 q 流经锥阀，当液流方向是外流式［图 2-16（a）］和内流式［图 2-16（b）］时，求作用在阀心上的液动力的大小和方向。

解：设阀心对控制体的作用力为 F，流入速度为 v_1，出流速度为 v_2。

根据图 2-16（a）的情况，控制体取在阀口下方（图中阴影部分），沿液流方向列出动量方程：

$$p \frac{\pi}{4} d^2 - F = \rho q (v_2 \cos\theta_2 - v_1 \cos\theta_1)$$

因 $v_1 \ll v_2$，忽略 v_1，$\theta_2 = \alpha$，$\theta_1 = 0°$，则代入整理后得：

$$F = \frac{\pi}{4}d^2 p - \rho q v_2 \cos\alpha$$

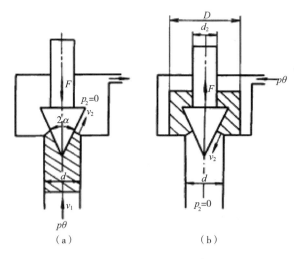

图 2-16　锥阀上的液动力

液流作用在阀心上的力大小等于 F，方向向上。

由此可知，作用在锥阀上的液动力 $\rho q v_2 \cos\alpha$ 与液压力方向相反，该力使阀口关闭。

根据图 2-16（b）的情况，将控制体取在上方。同理，列出动量方程为：

$$p\frac{\pi}{4}(D^2 - d_2^2) - p\frac{\pi}{4}(D^2 - d^2) - F = \rho q(v_2\cos\theta_2 - v_1\cos\theta_1)$$

因为 $\theta_1 = 90°$，$\theta_2 = \alpha$，则：

$$F = \frac{\pi}{4}p(d^2 - d_2^2) - \rho q v_2 \cos\alpha$$

液流作用在阀心上的力大小与 F 相等，方向向下。

由此可知，作用在锥阀上的液动力 $\rho q v_2 \cos\alpha$ 与液压力方向相反，该力使阀口开启。

在分析液动力对阀心的作用方向时，应根据具体情况，不能一概而论地认为液动力都是促使阀口关闭的。

2.4 管道液流特性

由于流动液体具有黏性，以及液体流动时突然转弯和通过阀口会产生相互撞击和出现漩涡等，液体在管道中流动时必然会产生阻力。为了克服阻力，液体流动时需要损耗一部分能量，能量损耗主要表现为液体的压力损失。压力损失即是伯努利方程中的 $\rho g h_w$ 项，它由沿程压力损失和局部压力损失两部分组成。

液体在管路中流动时的压力损失和液流的运动状态有关。

2.4.1 流态与雷诺数

2.4.1.1 流态

英国物理学家雷诺通过大量实验，发现了液体在管道中流动时存在两种流动状态，即层流和湍流。两种流动状态可通过雷诺实验来观察，如图 2-17 所示。

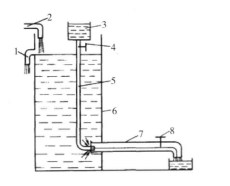

图 2-17 雷诺实验装置

1—溢流管 2—供水管 3，6—容器

4，8—阀门 5—小管 7—大管

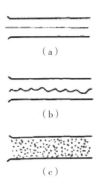

图 2-18 液体流态

容器 3 和 6 中分别装满了密度与水相同的红色液体和水，2 为供水管，并由溢流管 1 保持液面高度不变。调节阀 8 的开度可控制玻璃管 7 中液体流动的速度，打开阀 8 与阀 4 使水与红色液体流入水平玻璃管 7 中。调节阀 8 使管 7 中的流速较小时，红色液体在管 7 中呈一条明显的直线，且这条红线和清水层次分明，不相混杂，如图 2-18（a）所示，液体的这种流动状态称为层流；调节阀门 8 使管 7 中的流速逐渐增大至某一值时，红线开始出现抖动而呈波纹状，如图 2-18（b）所示，表明层流状态被破坏，液流开始出现紊乱；调节阀门 8 使管 7 中的流速继续增大，红线消失，红色液体便与清水完全混杂在一起，如图 2-18（c）所示，表明管中液流完全紊乱，液体的这种流动状态称为湍流。如果将阀门 8 逐渐关小，当流速减小至某一定值时，水流又重新恢复为层流。

层流与湍流是两种不同性质的流动状态，层流时液体流速较低，液体质点间的黏性力起主导作用，液体质点受黏性的约束，不能随意运动；湍流时液体流速较高，液体质点间黏性的制约作用减弱，惯性力起主导作用。

2.4.1.2 雷诺数

实验结果证明，液体在圆管中的流动状态不仅与管内的平均流速 v 有关，还与管道内径 d 、液体的运动黏度 v 有关。用来判别液流状态的是由这三个参数所组成的一个称为雷诺数 Re 的无量纲数，即：

$$Re = \frac{vd}{v}\qquad(2-31)$$

雷诺数的物理意义表示了液体流动时惯性力与黏性力之比。如果液流的雷诺数相同，则流动状态也相同。

液流由层流转变为湍流时的雷诺数和由湍流转变为层流时的雷诺数是不相同的，后者的数值小，一般都用后者作为判别液流状态的依据，称为临界雷诺数，记为 Re_{cr}。当液流的实际雷诺数 Re 小于临界雷诺数 Re_{cr} 时，为层流；反之，为湍流。常见液流管道的临界雷诺数由实验求得，见表2-1。

表2-1 常见液流管道的临界雷诺数

管 道	Re_{cr}	管 道	Re_{cr}
光滑金属圆管	2320	带环槽的同心环状缝隙	700
橡胶软管	1600~2000	带环槽的偏心环状缝隙	400
光滑的同心环状缝隙	1100	圆柱形滑阀阀口	260
光滑的偏心环状缝隙	1000	锥阀阀口	20~100

对于非圆截面的管道来说，Re 可由下式计算：

$$Re = \frac{4vR}{v}\qquad(2-32)$$

式中：R 为通流截面的水力半径，即它等于液流的有效面积 A 和它的湿周（有效截面的周界长度）x 之比，即：

$$R = \frac{A}{x}\qquad(2-33)$$

水力半径的大小对管道的通流能力的影响很大。在流通截面面积 A 一定时，水力半径大，代表液流和管壁的接触周长短，管壁对液流的阻力小，通流能力大。在面积相等但形状不同的所有通流截面中，圆形管道的水力半径最大。

2.4.2 沿程压力损失

液体在等直径圆管中流动时因黏性摩擦而产生的压力损失称为沿程压力损失。它不仅取决于管道长度、直径及液体的黏度，而且与流体的流动状态有关。

2. 4. 2. 1 圆管层流的沿程压力损失

（1）通流截面上的流速分布规律

液流在层流流动时，液体质点是作有规则的运动，如图 2-19 所示为液体在等径水平圆管中作层流运动。在液流中取一段与管轴相重合的微小圆柱体作为研究对象，设其半径为 r，长度为 l，作用在两端面的压力为 p_1 和 p_2，作用在侧面的内摩擦力为 F_f。液流在作匀速运动时受力平衡，故有：

$$(p_1 - p_2)\pi r^2 = F_f \tag{2-34}$$

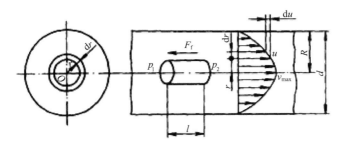

图 2-19 圆管层流运动

内摩擦力为 $F_f = -2\pi r l\mu \mathrm{d}u/\mathrm{d}r$，因流速 u 随 r 的增大而减小，故 $\mathrm{d}u/\mathrm{d}r$ 为负值，所以加一负号。令 $\Delta p = p_1 - p_2$，并将 F_f 代入式（2-34）得：

$$\mathrm{d}u = -\frac{\Delta p}{2\mu l}r\mathrm{d}r \tag{2-35}$$

对式（2-35）积分，并应用边界条件，当 $r = R$ 时，$u = 0$，得：

$$u = \frac{\Delta p}{4\mu l}(R^2 - r^2) \tag{2-36}$$

由式（2-36）可知，管内液体质点的流速在半径方向上按抛物线规律分布。最小流速在管壁 $r = R$ 处，$u_{\min} = 0$；最大流速发生在轴线 $r = 0$ 处，$u_{\max} = \Delta p R^2/4\mu l$。

（2）通过管道的流量

对于微小环形通流的截面面积 $\mathrm{d}A = 2\pi r\mathrm{d}r$，所通过的流量为 $\mathrm{d}q = u\mathrm{d}A = 2\pi u r\mathrm{d}r = 2\pi \frac{\Delta p}{4\mu l}(R^2 - r^2)r\mathrm{d}r$，于是积分得：

$$q = \int_0^R 2\pi \frac{\Delta p}{4\mu l}(R^2 - r^2)r\mathrm{d}r = \frac{\pi R^4}{8\mu l}\Delta p = \frac{\pi d^4}{128\mu l}\Delta p \tag{2-37}$$

（3）管道内的平均流速

根据平均流速的定义，可得：

$$v = \frac{q}{A} = \frac{1}{\pi R^2}\frac{\pi R^4}{8\mu l}\Delta p = \frac{R^2}{8\mu l}\Delta p = \frac{d^2}{32\mu l}\Delta p \qquad (2\text{-}38)$$

将式（2-37）与 u_{max} 值比较可知，平均流速为最大流速的一半。

（4）沿程压力损失

由式（2-38）中求出 Δp 表达式，即为沿程压力损失：

$$\Delta p_\lambda = \Delta p = \frac{32\mu l v}{d^2} \qquad (2\text{-}39)$$

由式（2-39）可知，液流在直管中做层流时，其沿程压力损失与管长、流速、黏度成正比，而与管径的平方成反比。将式（2-39）简化为：

$$\Delta p_\lambda = \frac{64}{Re}\frac{l}{d}\frac{\rho v^2}{2} = \lambda \frac{l}{d}\frac{\rho v^2}{2} \qquad (2\text{-}40)$$

式中：λ 为沿程阻力系数，理论值 $\lambda = \frac{64}{Re}$。考虑实际流动中的油温变化不匀等问题，因而在实际计算时，金属管取 $\lambda = 75/Re$，橡胶软管 $\lambda = 80/Re$。

在液压传动中，由于液体自重及位置变化对压力的影响很小可以忽略，所以在水平管的条件下推导的沿程压力损失表达式同样适用于非水平管。

2.4.2.2 圆管湍流的沿程压力损失

液流在湍流流动时，液体质点做无规律的相互混杂的运动，不仅要克服液层间的内摩擦，而且要克服由于液体横向脉动而引起的湍流摩擦，其运动速度的大小与方向都随时间而变化，是一种复杂的流动。实验证明，湍流时的沿程压力损失计算公式可沿用层流时的计算公式（2-40），但式中的沿程阻力系数 λ 不仅与雷诺数有关，还与管壁的粗糙度有关，即：

$$\lambda = f(Re，\Delta/d)$$

式中：Δ 为管壁的绝对粗糙度；Δ/d 为管壁的相对粗糙度。

湍流时圆管的沿程阻力系数 λ 值可以根据不同的 Re 和 Δ/d 值从表2-2中选择公式进行计算。

表 2-2　圆管湍流流动时的沿程阻力系数 λ 的计算公式

Re 范围	λ 的计算公式
$2320 < Re < 10^5$	$\lambda = 0.3164\,Re^{-0.25}$
$10^5 < Re < 3\times10^6$	$\lambda = 0.032 + 0.221\,Re^{-0.237}$
$Re > 900\dfrac{d}{\Delta}$	$\lambda = \left(2\lg\dfrac{d}{2\Delta} + 1.74\right)^{-2}$

管壁表面粗糙度 Δ 的值和管道的材料有关，计算时可参考下列数值：钢管取 0.04mm，铜管取 0.0015~0.01mm，铝管取 0.0015~0.06mm，橡胶软管取 0.03mm。另外湍流中的流速分布是比较均匀的，其最大流速为 $u_{max}=(1\sim1.3)v$。

2.4.3 局部压力损失

液体流经管道的弯头、接头、突然变化的截面以及阀口等处时，液体流速的大小和方向将急剧发生变化，因而会产生漩涡，并发生强烈的紊动现象，产生流动阻力，由此造成的压力损失称为局部压力损失。

局部压力损失 Δp_ξ 一般按下式计算：

$$\Delta p_\xi = \xi \frac{\rho v^2}{2} \tag{2-41}$$

式中：ξ 为局部阻力系数（具体数值可查阅有关手册）；ρ 为液体密度（kg/m³）；v 为液体的平均流速（m/s）。

液体流过各种阀的局部压力损失，因阀心结构较复杂，故按式（2-40）计算较困难，这时可由产品目录中查出阀在额定流量 q_s 下的压力损失 Δp_s。当流经阀的实际流量不等于额定产流量时，通过该阀的压力损失 Δp_ξ 可用下式计算：

$$\Delta p_\xi = \Delta p_s \left(\frac{q}{q_s}\right)^2 \tag{2-42}$$

式中：q 为通过阀的实际流量。

液压系统中总的压力损失应为所有沿程压力损失和所有局部压力损失之和，即：

$$\sum \Delta p = \sum \Delta p_\lambda + \sum \Delta p_\xi \tag{2-43}$$

或

$$\sum \Delta p = \sum \lambda \frac{l}{d} \frac{\rho v^2}{2} + \sum \xi \frac{\rho v^2}{2} \tag{2-44}$$

式（2-44）适用于两相邻局部障碍之间的距离大于管道内径 10~20 倍的场合，否则计算出来的压力损失值比实际数值小。这是因为如果局部障碍距离太小，通过第一个局部障碍后的流体尚未稳定就进入第二个局部障碍，这时的液流扰动更强烈，阻力系数要高于正常值的 2~3 倍。

2.5 孔口流动

孔口在液压传动系统的应用十分广泛，液压控制阀中，对液流压力、流量及方向的控制通常是通过一些特定的孔口来实现。分析液流经过薄壁小孔、短孔和细长孔等小孔的流量—压力特性，是以后学习节流调速和伺服系统工作原理的理论基础。

2.5.1 薄壁小孔

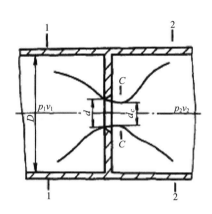

图 2-20　通过薄壁小孔的液流

当小孔的通流长度 l 与孔径 d 之比 $\dfrac{l}{d} \leqslant 0.5$ 时，称为薄壁小孔，如图 2-20 所示。一般薄壁小孔的孔口边缘都做成刃口形式。

当液流经过管道由小孔流出时，由于液体的惯性作用，使通过小孔后的液流形成一个收缩断面 C—C，然后扩散，这一收缩和扩散过程产生很大的能量损失。当孔前通道直径与小孔直径之比 $D/d \geqslant 7$ 时，液流的收缩作用不受孔前通道内壁的影响，这时的收缩称为完全收缩；当 $D/d < 7$ 时，孔前通道对液流进入小孔起导向作用，这时的收缩称为不完全收缩。

现对孔前、孔后通道截面 1—1 和 2—2 列伯努利方程，并设动能修正系数 $\alpha = 1$，则有：

$$\frac{p_1}{\rho g} + \frac{v_1^2}{2g} = \frac{p_2}{\rho g} + \frac{v_2^2}{2g} + \sum h_\xi \qquad (2-45)$$

式中：$\sum h_\xi$ 为液流流经小孔的局部能量损失，它包括两部分：液流经截面突然缩小时的 $\sum h_{\xi 1}$ 和突然扩大时的 $\sum h_{\xi 2}$。$h_{\xi 1} = \xi v_c^2/(2g)$，经查手册，$h_{\xi 2} = (1 - A_c/A_2)\, v_c^2/(2g)$。因为 $A_c \ll A_2$，所以 $\sum h_\xi = h_{\xi 1} + h_{\xi 2} = (\xi + 1)\, v_c^2/(2g)$。又因为 $A_1 = A_2$ 时，$v_1 = v_2$，将这些关系代入伯努利方程，得出：

$$v_c = \frac{1}{\sqrt{\xi + 1}} \sqrt{\frac{2}{\rho}(p_1 - p_2)} = C_v \sqrt{\frac{2\Delta p}{\rho}} \qquad (2-46)$$

上式 $C_v = \dfrac{1}{\sqrt{\xi + 1}}$ 称为速度系数，它反映了局部阻力对速度的影响。

经过薄壁小孔的流量为：

$$q = A_c v_c = C_c A_0 v_c = C_c C_v A_0 \sqrt{\frac{2\Delta p}{\rho}} = C_d A_0 \sqrt{\frac{2\Delta p}{\rho}} \qquad (2-47)$$

式中：A_0 为小孔截面积；C_c 为截面收缩系数，$C_c = A_c/A_0$；C_d 为流量系数，$C_d = C_v C_c$。

流量系数 C_d 的大小一般由实验确定，在液流完全收缩的情况下，$Re \le 10^5$ 时，C_d 可由下式计算：

$$C_d = 0.964 Re^{-0.05} \tag{2-48}$$

当 $Re > 10^5$ 时，C_d 可以认为是不变的常数，计算时按 $C_d = 0.60 \sim 0.61$ 选取。液流不完全收缩时，C_d 可按表 2-3 来选择。这时由于管壁对液流进入小孔起导向作用，C_d 可增至 $0.7 \sim 0.8$。

表 2-3 不完全收缩时流量系数 C_d 值

$\dfrac{A_0}{A}$	0.1	0.2	0.3	0.4	0.5	0.6	0.7
C_d	0.602	0.615	0.634	0.661	0.696	0.742	0.804

薄壁小孔因其沿程阻力损失非常小，通过小孔的流量与油液黏度无关，即对油温的变化不敏感，因此薄壁小孔多被用作调节流量的节流器使用。

滑阀阀口和锥阀阀口比较接近于薄壁小孔，所以常用作液压阀的可调节孔口。图 2-21 所示为常用的圆柱滑阀阀口，图中 A 为阀套，B 为阀心，D 为阀心台肩直径，阀心与阀套孔之间的半径间隙为 C_r，C_r 一般取 $0.01 \sim 0.02$mm。当阀心相对于阀套向左移动一个距离 x_v 时（$x_v = 2 \sim 4$mm，又称阀口开度），阀口的有效宽度为 $\sqrt{x_v^2 + C_r^2}$，令 w 为阀口的圆周长度（又称面积梯度），则 $w = \pi D$，阀口的通流截面积 A_0 为：

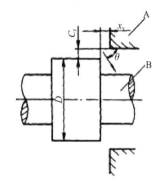

图 2-21 圆柱滑阀阀口示意图

$$A_0 = w\sqrt{x_v^2 + C_r^2}$$

由于 $C_r \ll x_v$，因此 $\sqrt{x_v^2 + C_r^2} = x_v$；又因为 $x_v \ll \pi D$，因此滑阀阀口也可视为薄壁小孔，类似公式（2-47）流经滑阀阀口的流量为：

$$q = C_d \pi D x_v \sqrt{\frac{2\Delta p}{\rho}} \tag{2-49}$$

式中：流量系数 C_d 由图 2-22 查出 C_d 为流量系数，可由图 2-22 查出，其雷诺数按式（2-50）计算。

$$Re = \frac{4vR}{\nu} = \frac{4v}{\nu}\frac{A_0}{x} = \frac{4v}{\nu}\sqrt{x_v^2 + C_r^2} \tag{2-50}$$

在图 2-22 中，虚线 1 表示 $x_v = C_r$ 时的理论曲线，虚线 2 表示 $x_v \gg C_r$ 时的理论曲线，实线则表示实验测定的结果。

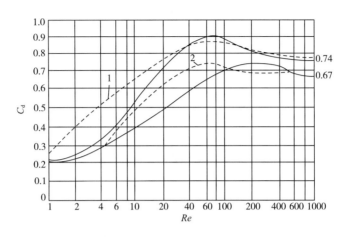

图 2-22 滑阀阀口的流量系数

当 $Re \geqslant 10^3$ 时，C_d 一般为常数，其值在 $0.67 \sim 0.74$ 之间。阀口棱边圆滑或有很小的倒角时 C_d 比锐边时大，一般在 $0.8 \sim 0.9$ 之间。液流在流经滑阀阀口时，不论流入还是流出，其流束与滑阀轴线间总保持一个角度 θ，称为速度方向角，一般为 69°。

锥阀阀口如图 2-23 所示，阀座孔直径为 d_1，阀座孔倒角长度 l，倒角处大直径为 d_2，锥阀阀心半锥角为 α，阀心抬起高度（阀口开度）为 x_v，则阀口通流面积 $A_0 = \pi d_m x_v \sin\alpha$，$d_m = (d_1 + d_2)/2$，无倒角时，$d_m = d_1$。与薄壁小孔类似，流经锥阀阀口的流量 q 为：

$$q = C_d A_0 \sqrt{\frac{2\Delta p}{\rho}} = C_d \pi d_m x_v \sin\alpha \sqrt{\frac{2\Delta p}{\rho}} \qquad (2-51)$$

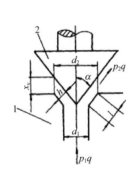

图 2-23 锥阀阀口

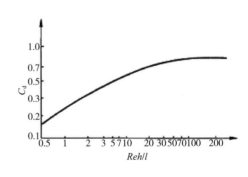

图 2-24 锥阀的流量系数

流量系数 C_d 由图 2-24 查出，由图可知，当雷诺数较大时，C_d 变化很小，其值在 $0.77 \sim 0.82$ 之间。

2.5.2　短孔和细长孔

当长径比为 $0.5 < \dfrac{l}{d} \leqslant 4$ 时，称为
短孔；当 $\dfrac{l}{d} > 4$ 时，则称为细长孔。短
孔的流量表达式同式（2-37），但流量
系数 C_d 应按图 2-25 中的曲线来查，由
图 2-25 可知，雷诺数较大时，C_d 基本
稳定在 0.8 左右。由于短孔加工比薄壁
小孔容易得多，因此短管常用作固定节
流器。

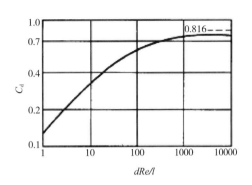

图 2-25　短孔的流量系数

流经细长孔的液流，由于黏性的影响，流动状态一般为层流，所以细长孔的流量
可用液流流经圆管的流量公式（2-36）计算，液流经过细长孔的流量和孔前后压差 Δp
却成正比，而和液体黏度 μ 成反比，因此流量受液体温度影响较大，这是和薄壁小孔
不同的。

2.6　缝隙流动

在液压元件中，构成运动副的一些运动件与固定件之间存在着一定缝隙，而当
缝隙两端的液体存在压力差时，势必形成缝隙流动，即泄漏。泄漏的存在将严重影
响液压元件的工作性能。当圆柱体存在一定锥度时，其缝隙流动还可能导致卡紧
现象。

2.6.1　平行平板缝隙

当两平行平板缝隙间充满液体时，如果液体受到压差 $\Delta p = p_1 - p_2$ 的作用，液体会
产生流动。如果没有压差 Δp 的作用，而两平行平板之间有相对运动时，由于液体存在
黏性，液体会被带着移动，这就是剪切作用所引起的流动。液体通过平行平板缝隙时
的最一般的流动情况，是既受压差 Δp 的作用，又受平行平板相对运动的作用，其计算
如图 2-26 所示。

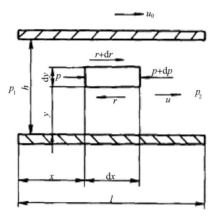

图 2-26 平行平板缝隙间的液流

图中 h 为缝隙高度，b 和 l 为缝隙宽度和长度，一般 $b \gg h$，$l \gg h$。在液流中取一个微元体 $dxdy$（宽度方向取单位长度），其左右两端面所受的压力为 p 和 $p+dp$，上下两面所受的切应力为 $\tau + d\tau$ 和 τ，由此得通过平行平板缝隙的流量为：

$$q = \int_0^h ubdy = \int_0^h \left[\frac{y(h-y)}{2\mu l}\Delta p + \frac{u_0}{h}y \right]bdy = \frac{bh^3\Delta p}{12\mu l} + \frac{u_0}{2}bh \qquad (2-52)$$

①当平行平板间没有相对运动，$u_0 = 0$ 时，通过的液流纯由压差引起，称为压差流动，其流量值为：

$$q = \frac{bh^3\Delta p}{12\mu l} \qquad (2-53)$$

②当平行平板两端不存在压差时，通过的液流纯由平板运动引起，称为剪切流动，其流量值为：

$$q = \frac{u_0}{2}bh \qquad (2-54)$$

从式（2-52）、式（2-53）可以看出，在压差作用下，流过固定平行平板缝隙的流量与缝隙值的三次方成正比，这说明液压元件内缝隙的大小对其泄漏量的影响是非常大的。

2.6.2 圆柱环形间隙

在液压元件中，某些相对运动零件，如柱塞与柱塞孔，圆柱滑阀阀心与阀体孔之间的间隙为圆柱环形间隙。根据二者是否同心又分为同心圆柱环形间隙和偏心圆柱环形间隙。

2.6.2.1　同心圆柱环形间隙的流量

同心环形缝隙如图 2-27 所示，设圆柱体直径为 d，缝隙值为 h，缝隙长度为 l，如果将环形缝隙沿圆周方向展开，就相当于一个平行平板缝隙。因此将 $b = \pi d$ 代入式（2-51），可得同心环形缝隙的流量公式，即：

$$q = \frac{\pi d h^3 \Delta p}{12 \mu l} \pm \frac{\pi d h u_0}{2} \tag{2-55}$$

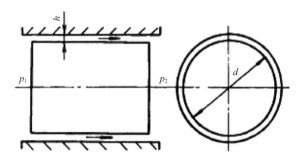

图 2-27　同心圆柱环形间隙流动

当圆柱体移动方向和压差方向相同时取正号，方向相反时取负号。若无相对运动，$u_0 = 0$，则同心环形缝隙流量公式为：

$$q = \frac{\pi d h^3 \Delta p}{12 \mu l} \tag{2-56}$$

2.6.2.2　偏心圆柱环形间隙的流量

偏心环形间隙如图 2-28 所示，设内外圆的偏心量为 e，在任意角度 θ 处的缝隙为 h，因缝隙很小，$r_1 \approx r_2 = r = d/2$，可把微小圆弧 db 所对应的环形缝隙间的流动近似地看成是平行平板缝隙的流动。将 $b = r\mathrm{d}\theta$ 代入式（2-52）得：

$$dq = \frac{r\mathrm{d}\theta h^3}{12 \mu l} \Delta p \pm \frac{r\mathrm{d}\theta}{2} h u_0$$

由图 2-28 中几何关系可知：

$$h \approx h_0 - e\cos\theta \approx h_0(1 - \varepsilon\cos\theta)$$

式中：ε 为相对偏心率，$\varepsilon = e/h_0$；h_0 为内外圆同心时半径方向的缝隙值。

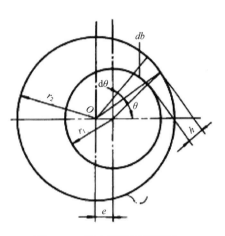

图 2-28　偏心圆柱环形间隙

将 h 值代入式（2-56）并积分，可得流量公式：

$$q = \frac{\pi d h_0^3 \Delta p}{12 \mu l}(1 + 1.5\varepsilon^2) \pm \frac{\pi d h_0 u_0}{2} \qquad (2-57)$$

正负号意义同前。

当内外圆之间没有轴向相对移动时，即 $u_0 = 0$ 时，其流量为：

$$q = \frac{\pi d h_0^3 \Delta p}{12 \mu l}(1 + 1.5\varepsilon^2) \qquad (2-58)$$

由式（2-58）可知，当偏心量 $e \approx h_0$，即 $\varepsilon = 1$ 时（最大偏心状态），其通过的流量是同心环形间隙流量的 2.5 倍。因此在液压元件中，有配合的零件应尽量使其同心，以减小间隙泄漏量。

2.6.3 圆锥环形间隙

当柱塞或柱塞孔，阀心或阀体孔因加工误差带有一定锥度时，两相对运动零件之间的间隙为圆锥环形间隙，其间隙大小沿轴线方向变化，如图 2-29 所示。阀心大端为高压，液流由大端流向小端，称为倒锥，如图 2-29（a）所示；图 2-29 的阀心小端为高压，液流由小端流向大端，称为顺锥，如图 2-29（b）所示。阀心存在锥度不仅影响流经间隙的流量，而且影响缝隙中的压力分布。

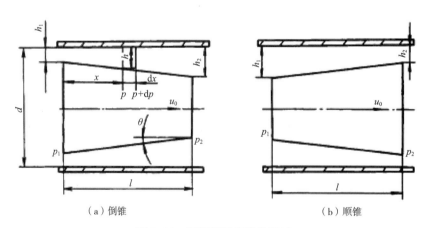

（a）倒锥　　　　　　　　　　　　　（b）顺锥

图 2-29　圆锥环形间隙的液流

设圆锥半角为 θ，阀心以速度 u_0 向右移动，进出口处的缝隙和压力分别为 h_1、p_1 和 h_2、p_2，并设距左端面 x 距离处的缝隙为 h，压力为 p，则在微小单元 dx 处的流动，由于 dx 值很小而认为 dx 段内缝隙宽度不变。

对于图 2-29 的流动情况，由于 $-\dfrac{\Delta p}{l} = \dfrac{dp}{dx}$，将其代入同心环形缝隙流量公

式（2-55）得：

$$q = -\frac{\pi d h^3}{12\mu}\frac{\mathrm{d}p}{\mathrm{d}x} + \frac{\pi d u_0 h}{2} \tag{2-59}$$

由于 $h = h_1 + x\tan\theta$，$\mathrm{d}x = \dfrac{\mathrm{d}h}{\tan\theta}$，代入式（2-59）并整理后得：

$$\mathrm{d}p = -\frac{12\mu q}{\pi d \tan\theta}\frac{\mathrm{d}h}{h^3} + \frac{6\mu u_0}{\tan\theta} + \frac{\mathrm{d}h}{h^2} \tag{2-60}$$

对上式进行积分，并将 $\tan\theta = (h_2 - h_1)/l$ 代入得：

$$\Delta p = p_1 - p_2 = \frac{6\mu l}{\pi d}\frac{(h_1 + h_2)}{(h_1 h_2)^2}q - \frac{6\mu l}{h_1 h_2}u_0 \tag{2-61}$$

将上式移项可求出环形圆锥缝隙的流量公式：

$$q = \frac{\pi d}{6\mu l}\frac{(h_1 h_2)^2}{(h_1 + h_2)}\Delta p + \frac{\pi d h_1 h_2}{(h_1 + h_2)}u_0 \tag{2-62}$$

当阀心没有运动时，$u_0 = 0$，流量公式为：

$$q = \frac{\pi d}{6\mu l}\frac{(h_1 h_2)^2}{(h_1 + h_2)}\Delta p \tag{2-63}$$

2.6.4　液压卡紧现象

若对式（2-56）积分，并将边界条件 $h = h_1$、$p = p_1$ 代入，可得圆锥环形间隙中的压力为：

$$p = p_1 - \frac{6\mu q}{\pi d \tan\theta}\left(\frac{1}{h_1^2} - \frac{1}{h^2}\right) - \frac{6\mu u_0}{\tan\theta}\left(\frac{1}{h_1} - \frac{1}{h}\right) \tag{2-64}$$

将式（2-60）代入上式，并将 $\tan\theta = (h - h_1)/x$ 代入得：

$$p = p_1 - \frac{1 - \left(\dfrac{h_1}{h}\right)^2}{1 - \left(\dfrac{h_1}{h_2}\right)^2}\Delta p - \frac{6\mu u_0 (h_2 - h)}{h^2 (h_1 + h_2)}x \tag{2-65}$$

当 $u_0 = 0$ 时则有：

$$p = p_1 - \frac{1 - \left(\dfrac{h_1}{h}\right)^2}{1 - \left(\dfrac{h_1}{h_2}\right)^2}\Delta p \tag{2-66}$$

对于图 2-29（b）所示的顺锥情况，其流量计算公式和倒锥安装时流量计算公式相同，但其压力分布在 $u_0 = 0$ 时，则有：

$$p = p_1 - \frac{\left(\dfrac{h_1}{h}\right)^2 - 1}{\left(\dfrac{h_1}{h_2}\right)^2 - 1}\Delta p \tag{2-67}$$

如果阀心在阀体孔内出现偏心，如图 2-30 所示，由式（2-66）和式（2-67）可知，作用在阀心一侧的压力将大于另一侧的压力，使阀心受到一个液压侧向力的作用，图 2-30 所示的倒锥的液压侧向力使偏心距加大，当液压侧向力足够大时，阀心将紧贴在孔的壁面上，产生所谓的液压卡紧现象。图 2-30 所示的顺锥的液压侧向力则力图使偏心距减小，阀心自动定心，不会出现液压卡紧现象，即出现顺锥是有利的。

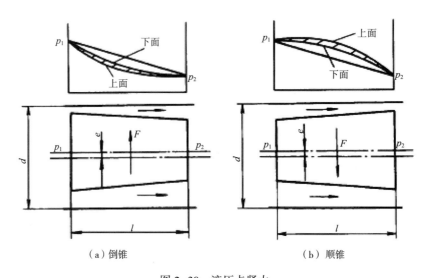

（a）倒锥　　　　　　　　（b）顺锥

图 2-30　液压卡紧力

为减少液压侧向力，一般在阀心或柱塞的圆柱面开径向均压槽，使槽内液体压力在圆周方向处处相等。均压槽的深度和宽度一般为 0.3~1.0mm，实验表明，当均压槽数达到 7 个时，液压侧向力可减少到原来的 2.7%，阀心与阀体孔基本同心。当然，在开设径向均压槽后环形间隙的长度 l 会减小，但由于均压槽会使阀心与阀体孔之间的偏心减小，因此，均压槽的开设不会使缝隙的泄漏量增大。

2.7　液压冲击和气穴现象

在液压传动中，液压冲击和气穴现象都会给液压系统的正常工作带来不利影响，因此需要了解这些现象产生的原因，并采取相应的措施以减小其危害。

2.7.1　液压冲击

在液压系统中，因某些原因液体压力在一瞬间会突然升高，产生很高的压力峰值，这种现象称为液压冲击。液压冲击的压力峰值往往比正常工作压力高好几倍，瞬间压力冲击不仅引起振动和噪声，而且会损坏密封装置、管道和液压元件，有时还会使某些液压元件（如压力继电器、顺序阀等）产生误动作，造成设备事故。

2.7.1.1　液压冲击的类型

液压系统中的液压冲击按其产生的原因可分为：

①因液流通道迅速关闭或液流迅速换向使液流速度的大小或方向发生突然变化时，液流的惯性导致的液压冲击。

②运动的工作部件突然制动或换向时，因工作部件的惯性引起的液压冲击。下面对两种常见的液压冲击现象进行分析。

2.7.1.2　管道阀门突然关闭时的液压冲击

如图 2-31 所示，具有一定容积的容器（蓄能器或液压缸）中的液体沿长度为 l、直径为 d 的管道经出口处的阀门以速度 v_0 流出，若将阀门突然关闭，则在靠近阀门处 B 点的液体立即停止运动，液体的动能转换为压力能，B 点的压力升高 Δp，接着后面的液体分层依次停止运动、动能依次转换为压力能，形成压力波，并以速度 c 由 B 向 A 传播，到 A 点后，又反向向 B 点传播。于是，压力冲击

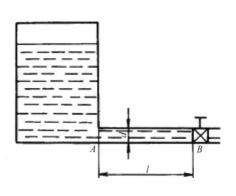

图 2-31　管道中的液压冲击

波以速度 c 在管道的 A、B 两点间往复传播，在系统内形成压力振荡。实际上由于管道变形和液体黏性损失需要消耗能量，因此振荡过程逐渐衰减，最后趋于稳定。

设管路断面积为 A，管长为 l，压力波从 B 传递到 A 的时间为 t，液体密度为 ρ，管道中液流速度为 v_0，阀门关闭后的流速为零，则由动量方程得：

$$\Delta p A = \rho A l \frac{v_0}{t}$$

$$\Delta p = \rho \frac{l}{t} v_0 = \rho c v_0 \tag{2-68}$$

式中：$c = l/t$ 为压力冲击波在管中的传播速度。c 不仅与液体的体积弹性模量 K 有关；而且和管道材料的弹性模量 E、管道的内径 d 及管道壁厚 δ 有关，c 值可按下式计算：

$$c = \frac{\sqrt{\dfrac{K}{\rho}}}{\sqrt{1 + \dfrac{Kd}{E\delta}}} \tag{2-69}$$

在液压传动中，冲击波在管道油液中的传播速度 c 一般在 900～1400m/s 之间。

如果阀门不是完全关闭，而是使液流速度从 v_0 降到 v_1，则式（2-68）可改写成：

$$\Delta p = \rho c(v_0 - v_1) = \rho c \Delta v \tag{2-70}$$

当阀门关闭时间 $t < T = \dfrac{2l}{c}$，称为完全冲击（又称直接液压冲击）。式（1-64）和式（2-70）适用于完全冲击。

当阀门关闭时间 $t > T = \dfrac{2l}{c}$ 时，称为不完全冲击（又称间接液压冲击）。此时压力峰值比完全冲击时低，压力升高值可近似按下式计算：

$$\Delta p = \rho c v_0 \frac{T}{t} \tag{2-71}$$

无论是哪一种冲击，只要求出液压冲击时的最大压力升高值 Δp，便可求出冲击时管道中的最大压力。

$$p_{max} = p + \Delta p \tag{2-72}$$

式中：p 为正常工作压力。

在估算由于阀门突然关闭引起的液压冲击时，通常总是把阀门的关闭假设为瞬间完成的，即认为是完全冲击，这样做的结果是偏于安全。

2.7.1.3 运动部件制动时产生的液压冲击

设总质量为 Σm 的运动部件在制动时的减速时间为 Δt，速度的减小值为 Δv，液压缸有效工作面积为 A，则根据动量定理可求得系统中的冲击压力的近似值 Δp 为：

$$\Delta p = \frac{\Sigma m \Delta v}{A \Delta t} \tag{2-73}$$

上式中因忽略了阻尼和泄漏等因素，计算结果比实际值要大，但偏于安全，因而具有实用价值。

2.7.1.4 减小液压冲击的措施

①延长阀门关闭和运动部件制动换向的时间，可采用换向时间可调的换向阀。

②限制管道流速及运动部件的速度，一般在液压系统中将管道流速控制在 4.5m/s 以内，而运动部件的质量 Σm 越大，越应控制其运动速度不要太大。

③适当增大管径，不仅可以降低流速，而且可以减小压力冲击波传播速度。

④尽量缩短管道长度，可以减小压力波的传播时间 T，使完全冲击改变为不完全冲击。

⑤用橡胶软管或在冲击源处设置蓄能器，以吸收冲击的能量；也可以在容易出现液压冲击的地方，安装限制压力升高的安全阀。

2.7.2 气穴现象

2.7.2.1 气穴现象的机理及危害

气穴现象又称空穴现象。在液压系统中，如果某点处的压力低于液压油液所在温度下的空气分离压时，原先溶解在液体中的空气就会分离出来，使液体中迅速出现大量气泡，这种现象称为气穴现象。当压力进一步减小而低于液体的饱和蒸气压时，液体将迅速汽化，产生大量蒸气气泡，使气穴现象更加严重。

气穴现象多发生在阀门和液压泵的吸油口。在阀口处，一般由于通流截面较小而使流速很高，根据伯努利方程，该处的压力会很低，以致产生气穴。在液压泵的吸油过程中，吸油口的绝对压力会低于大气压，如果液压泵的安装高度太大，再加上吸油口处过滤器和管道阻力、油液黏度等因素的影响，泵入口处的真空度会很大，也会产生气穴。当液压系统出现气穴现象时，大量的气泡使液流的流动特性变坏，造成流量和压力的不稳定，当带有气泡的液流进入高压区时，周围的高压会使气泡迅速崩溃，使局部产生非常高的温度和冲击压力，引起振动和噪声。当附着在金属表面上的气泡破灭时，局部产生的高温和高压会使金属表面疲劳，时间一长会造成金属表面的侵蚀、剥落，甚至出现海绵状的小洞穴。这种由于气穴造成的对金属表面的腐蚀作用称为气蚀。气蚀会缩短元件的使用寿命，严重时会造成故障。

2.7.2.2 减少气穴现象的措施

①减小阀孔或其他元件通道前后的压力降，一般使压力比 $p_1/p_2 < 3.5$。

②尽量降低液压泵的吸油高度，采用内径较大的吸油管并少用弯头，吸油管端的

过滤器容量要大，以减小管道阻力，必要时对大流量泵采用辅助泵供油。

③各元件的连接处要密封可靠，防止空气进入。

④对容易产生气蚀的元件，如泵的配油盘等，要采用抗腐蚀能力强的金属材料，增强元件的机械强度。

习　题

1. 什么是液体的黏性？常用的黏度表示方法有哪几种？

2. 某液压系统的油液中混入占体积 1% 的空气，试求压力分别为 3.5MPa 和 7.0MPa 时该油的等效体积模量。若油中混入 5% 的空气，压力为 3.5MPa 时油的等效体积模量等于多少？

3. 对液压油有什么要求？液压油有哪些主要种类？如何选用液压油？

4. 什么是压力？压力有哪几种表示方法？静压力有哪些特性？

5. 如题图 2-1 所示，U 形管中有两种液体，密度为 ρ_1、ρ_2，高度分别为 h_1、h_2，管一端通大气，另一端为球形容器（内为气体），试求球形容器内气体的绝对压力和真空度。

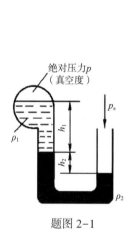

题图 2-1

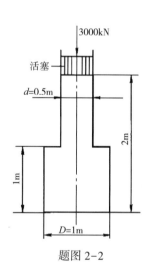

题图 2-2

6. 水平截面是圆形的容器，如题图 2-2 所示，上端开口，试求作用在容器底的总作用力是多少？

7. 一盛水容器如题图 2-3 所示，水流沿变截面管向外作恒定流动。已知 $A_0 = 4m^2$，$A_1 = 0.04m^2$，$A_2 = 0.1m^2$ 和 $A_3 = 0.03m^2$。液面到各截面的距离为 $H_1 = 1m$，$H_2 = 2m$，$H_3 = 3m$。试求 A_1 和 A_2 处的相对压力（以水柱高度表示）。

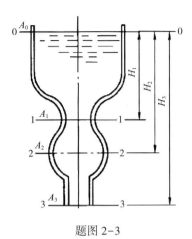

题图 2-3

8. 有一薄壁节流小孔，通过的流量 $q = 25\text{L/min}$ 时，压力损失为 0.3MPa，试求节流的通流面积，设流量系数 $C_d = 0.61$，油液的密度 $\rho = 900\text{kg/m}^3$。

9. 阐述层流与湍流的物理现象及其判别方法。

10. 伯努利方程的物理意义是什么？该方程的理论式和实际式有什么区别？

11. 如题图 2-4 所示，一液压泵流量为 25L/min，吸油管直径为 25mm，泵的吸油口比油箱液面高出 $h = 400\text{mm}$。如只考虑管长为 500mm 的吸油管中的沿程压力损失，油液的运动黏度为 $30 \times 10^{-6} \text{m}^2/\text{s}$，油液的密度为 900kg/m^3，试问泵的吸油腔处的真空度为多少？（取 $\lambda = 75/Re$，$\alpha = 1$）

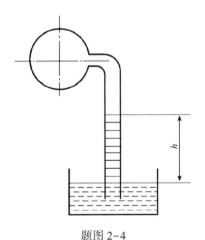

题图 2-4

12. 有一管径不等的串联管道，大管内径为 20mm，小管内径为 10mm，流过动力黏度为 $30 \times 10^{-3} \text{Pa} \cdot \text{s}$ 的液体，流量为 $q = 20\text{L/min}$，液体的密度 $\rho = 900\text{kg/m}^2$。试求液流在两通流截面上的平均流速及雷诺数。

第3章

液压泵

液压泵是一种能量转换装置，将机械能转换成液体的压力能，是液压传动系统的能源装置，为系统提供具有一定压力和流量的液压油。液压泵的性能好坏直接影响液压传动系统的可靠性和稳定性。

3.1 概述

3.1.1 液压泵的工作原理

3.1.1.1 工作原理

液压传动系统中所用的各种液压泵，其工作原理都是依靠液压泵密封工作腔容积大小交替变化来实现吸油和压油的，故称为容积式液压泵。图 3-1 所示为容积式单柱塞液压泵的工作原理图，图中柱塞 2 装在缸体 3 中形成一个密封工作腔 a，柱塞在弹簧 4 的作用下始终压紧在偏心轮 1 上。原动机驱动偏心轮 1 旋转使柱塞 2 作往复运动，使密封工作腔 a 的容积大小发生周期性的交替变化。当 a 由小变大时就形成部分真空，使油箱中油液在大气压作用下，经吸油管顶开单向阀 6 进入油腔 a 而实现吸油过程；反之，当 a 由大变小时，a 腔中油液受挤压，顶开单向阀 5 输入液压

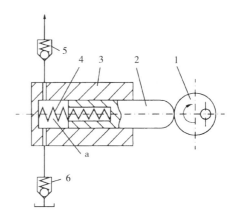

图 3-1　液压泵工作原理图

1—偏心轮　2—柱塞　3—缸体

4—弹簧　5,6—单向阀

系统中而实现压油过程。液压泵就将原动机输入的机械能转换成液体的压力能，原动机驱动偏心轮不断旋转，液压泵就不断地实现吸入和输出液压油。

3.1.1.2 构成液压泵的基本条件

（1）具有一个或多个密封且可以周期性变化的工作腔

液压泵的输出流量与工作腔的容积变化量和单位时间内的变化次数成正比，与其他因素无关。这是容积式液压泵的一个重要特性。

（2）油箱内液体的绝对压力必须恒大于或等于大气压力

这是容积式液压泵能够吸入油液的外部条件。因此，为保证液压泵正常吸油，油箱必须与大气相通或采用密闭的充压油箱。

（3）具有相应的配流机构

将吸液腔和压液腔隔开，保证液压泵有规律地、连续地吸、排液体。液压泵的结构原理不同，其配油机构也不相同。图3-1中的单向阀5、6就是配油机构，容积式液压泵中的油腔处于吸油时称为吸油腔，处于压油时称为压油腔。吸油腔的压力取决于吸油高度和吸油管路的阻力。吸油高度过高或吸油管路阻力太大，会使吸油腔真空度过高而影响液压泵的自吸性能，压油腔的压力则取决于外负载和排油管路的压力损失，从理论上讲排油压力与液压泵的流量无关。

3.1.2 液压泵的分类及图形符号

液压泵按主运动构件的形状和运动方式分为齿轮式、叶片式和柱塞式；液压泵按进、出油口的方向是否可变分为单向泵和双向泵；液压泵按排量是否可以调节分为定量泵和变量泵；液压泵的图形符号见表3-1。

表3-1　液压泵的图形符号

类型	单向定量	双向定量	单向变量	双向变量
液压泵				

3.1.3 液压泵的主要性能参数

3.1.3.1 压力

（1）工作压力 p

液压泵实际工作时的输出压力称为工作压力，工作压力的大小取决于外负载的大小和排油管路上的压力损失，而与液压泵的流量无关。

（2）额定压力 p_n

液压泵在正常工作条件下，按试验标准规定连续运转的最高压力称为液压泵的额定压力。

3.1.3.2　排量和流量

（1）排量

在没有泄露的情况下，液压泵的轴转过一转时，由其密封工作腔容积几何尺寸变化所排出液体的体积称为液压泵的排量 V。排量的大小仅与液压泵的密封工作腔容积几何尺寸有关。

（2）理论流量

理论流量 q_t 是指在不考虑泄漏的情况下，在单位时间内所排出的液体体积。其大小与液压泵的排量 V 和主轴转速 n 有关，则该液压泵的理论流量 q_t 为：

$$q_t = vn \tag{3-1}$$

容积式液压泵的理论流量取决于液压泵的有关几何尺寸和转速，而与工作压力无关，空载下测得泵的流量为理论流量。

（3）实际流量

液压泵在实际工况下，单位时间内所排出的液体体积称为实际流量 q，由于有泄露量的存在，使实际流量等于理论流量 q_t 减去泄漏流量 Δq，即：

$$q = q_t - \Delta q \tag{3-2}$$

工作压力会造成泵的泄漏，从而影响泵的实际输出流量，所以液压泵的实际输出流量随工作压力的升高而降低，如图 3-2 所示。

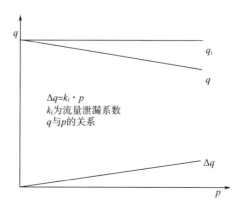

图 3-2　液压泵的压力与流量

（4）额定流量

额定流量 q_n 是指液压泵在正常工作条件下，按试验标准规定（额定压力和额定转速）下输出的流量。

3.1.3.3 功率和效率

（1）输入功率

液压泵的输入功率 P_i 为驱动液压泵主轴的机械功率。当输入转矩为 T_0，角速度为 ω 时，则：

$$P_i = T_0 \omega \qquad (3-3)$$

（2）输出功率

液压泵的输出功率 P_o 为液压泵输出的液压功率。当工作压力为 p，实际流量为 q 时，则：

$$P_o = pq \qquad (3-4)$$

如果不考虑液压泵在能量转换过程中的损失，则输入功率与输出功率相等，即：

$$P_i = P_o$$

但实际上，液压泵在能量转换过程中是有损失的，因此输出功率小于输入功率，二者之差为功率损失。功率损失可分为容积损失和机械损失。

（3）容积损失

容积损失是指液压泵流量上的损失，由于液压泵内部高压腔的泄漏、油液的压缩以及在吸油过程中由于吸油阻力太大、油液黏度大以及液压泵转速高等原因而导致油液不能全部充满密封工作腔。所以，液压泵的实际输出流量总是小于理论流量。液压泵的容积损失用容积效率 η_v 来表示，它等于液压泵的实际输出流量 q 与其理论流量 q_i 的比值，即：

$$\eta_i = \frac{q}{q_i} = \frac{q_i - \Delta q}{q_i} = 1 - \frac{\Delta q}{q_i} \qquad (3-5)$$

液压泵的容积效率随着液压泵工作压力的增大而减小，且随液压泵的结构类型不同而异，但恒小于1。

（4）机械损失

机械损失是指液压泵在转矩上的损失，由于液压泵体内相对运动部件之间因机械摩擦而引起的摩擦转矩损失以及液体的黏性而引起的摩擦损失。所以，液压泵的实际输入转矩 T_0 总是大于理论上所需要的转矩 T_i。液压泵的机械损失用机械效率 η_m 表示，它等于液压泵的理论转矩 T_i 与实际输入转矩 T_0 的比值，即：

$$\eta_{\mathrm{m}} = \frac{T_{\mathrm{i}}}{T_0} = \frac{1}{1 + \dfrac{\Delta T}{T_1}} \tag{3-6}$$

（5）液压泵的总效率

液压泵的总效率是指液压泵的实际输出功率与其输入功率的比值，即：

$$\eta = \frac{P_0}{P_{\mathrm{i}}} = \frac{\Delta pq}{T_0\omega} = \frac{\Delta pq_{\mathrm{t}}\mu_{\mathrm{v}}}{\dfrac{T_{\mathrm{t}}\omega}{\eta_{\mathrm{m}}}} = \eta_{\mathrm{v}}\eta_{\mathrm{m}} \tag{3-7}$$

一台性能良好的液压泵不仅要求容积效率高，还要求其总效率最高。

3.2　齿轮泵

齿轮泵是液压传动系统中广泛采用的一种液压泵，是利用齿轮啮合原理工作的。按齿轮啮合形式不同，可分为外啮合齿轮泵和内啮合齿轮泵。

3.2.1　齿轮泵的结构特点

3.2.1.1　困油问题

齿轮泵要能连续地供油，就要求齿轮啮合的重叠系数 $\varepsilon > 1$，即当一对齿轮尚未脱开啮合时，另一对齿轮已进入啮合，这样，就出现同时有两对齿轮啮合的瞬间，在两对齿轮之间形成一个封闭容积，一部分油液也就被困在这一封闭容积中，如图 3-3（a）所示，这个密封容积随齿轮旋转便逐渐减小，到两齿轮啮合点处密封容积为最小，如图 3-3（b）所示，齿轮继续旋转时，密封容积又逐渐增大，到图 3-3（c）所示位置时，容积为最大。在密封容积减小时，被困油液受到挤压，油温升高，压力急剧上

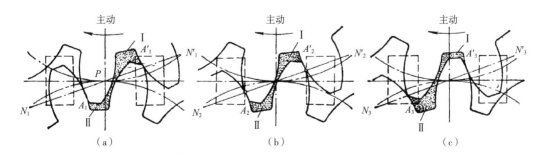

图 3-3　齿轮泵的困油现象

升，使齿轮轴上的轴承受到很大的冲击载
荷，使泵剧烈振动，这时高压油从一切可能
泄漏的缝隙中挤出，造成功率损失。当密封
容积增大时，由于没有油液补充，形成局部
真空，使原来溶解于油液中的空气分离出
来，形成了气泡，油液中产生气泡后，会引
起噪声、气蚀等。这就是齿轮泵的困油现
象，这种现象严重则会影响泵的工作平稳性
和使用寿命。

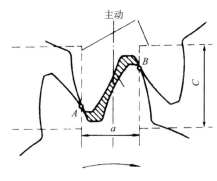

图 3-4　齿轮泵的困油卸荷槽图

　　为了消除困油现象，在 CB-B 型齿轮泵
的泵盖上铣出两个困油卸荷凹槽，其几何关系如图 3-4 所示。卸荷槽的位置应该使困
油腔由大变小时，能通过卸荷槽与压油腔相通，而当困油腔由小变大时，能通过另一
卸荷槽与吸油腔相通。两卸荷槽之间的距离为 a，必须保证在任何时候都不能使压油腔
和吸油腔互通。

3.2.1.2　齿轮泵的径向不平衡力

　　齿轮泵工作时，泵的吸油腔与压油腔之间
存在压差，液体压力的合力作用在齿轮和轴承
上，是一种的径向不平衡力，如图 3-5 所示。
油液压力越高，这个不平衡力就越大，其结果
不仅加速了轴承的磨损，降低了轴承的使用寿
命，甚至使轴变形，造成齿顶和泵体内壁的摩
擦等。

　　为了解决径向力不平衡问题，在有些齿轮
泵上，采用开压力平衡槽的办法来消除径向不
平衡力，但这将使泄漏增大，容积效率降低。

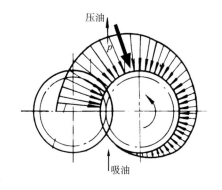

图 3-5　齿轮泵的径向不平衡力

CB-B 型齿轮泵则采用缩小压油腔，以减少油液压力对齿顶部分的作用面积来减小径向
不平衡力，所以泵的压油口孔径比吸油口孔径要小。

3.2.1.3　泄露

　　为了保证齿轮能灵活地转动，同时又要保证泄漏最小，在齿轮端面和泵盖之间应
有适当间隙（轴向间隙），小流量泵轴向间隙为 0.025～0.04mm，大流量泵为 0.04～
0.06mm。齿顶和泵体内表面间的间隙（径向间隙），由于密封带长，同时齿顶线速度

形成的剪切流动与油液泄漏方向相反，故对泄漏的影响较小，这里要考虑的问题是：当齿轮受到不平衡的径向力后，应避免齿顶和泵体内壁相碰，所以径向间隙可稍大，一般取 0.13~0.16mm。

为了防止油液从泵体和泵盖间泄漏到泵外，在泵体两侧的端面上开有油封卸荷槽（图 3-6 中 16），使渗入泵体和泵盖间的压力油引入吸油腔。在泵盖和从动轴上的小孔，其作用将泄漏到轴承端部的压力油也引到泵的吸油腔去，防止油液外溢，同时也润滑了滚针轴承。

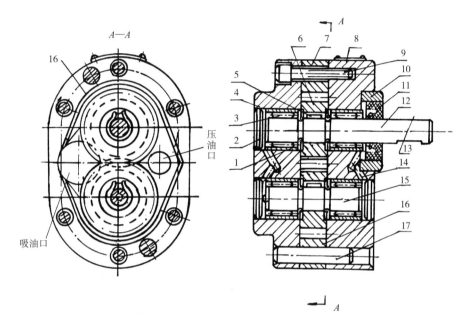

图 3-6　外啮合齿轮泵结构图

1—轴承外环　2—堵头　3—滚子　4—后泵盖　5—键　6—齿轮　7—泵体　8—前泵盖　9—螺钉

10—压环　11—密封圈　12—主动轴　13—键　14—泄油孔　15—前后从动轴　16—泄油槽　17—定位销

齿轮泵由于泄漏大（主要是端面泄漏，占总泄漏量的 70%~80%），且存在径向不平衡力，故压力不易提高。高压齿轮泵主要是针对上述问题采取了一些措施，如尽量减小径向不平衡力和提高轴与轴承的刚度；对泄漏量最大处的端面间隙，采用浮动轴套式、浮动侧板式、挠性侧板式三种自动补偿装置。

（1）浮动轴套式

图 3-7（a）是浮动轴套式的间隙补偿装置。它利用泵的出口压力油，引入齿轮轴上的浮动轴套 1 的外侧 A 腔，在液体压力作用下，使轴套紧贴齿轮 3 的侧面，因而可以消除间隙并可补偿齿轮侧面和轴套间的磨损量。在泵启动时，靠弹簧 4 来产生预紧力，保证了轴向间隙的密封。

（2）浮动侧板式

浮动侧板式补偿装置的工作原理与浮动轴套式基本相似，它也是利用泵的出口压力油引到浮动侧板1的背面［图3-7（b）］，使之紧贴于齿轮2的端面来补偿间隙。启动时，浮动侧板靠密封圈来产生预紧力。

（3）挠性侧板式

图3-7（c）是挠性侧板式间隙补偿装置，它是利用泵的出口压力油引到侧板的背面后，靠侧板自身的变形来补偿端面间隙的，侧板的厚度较薄，内侧面要耐磨（如烧结有0.5~0.7mm的磷青铜），这种结构采取一定措施后，易使侧板外侧面的压力分布大体上和齿轮侧面的压力分布相适应。

3.2.2　外啮合齿轮泵

3.2.2.1　工作原理

CB-B型外啮合齿轮泵的结构如图3-6所示，由几何尺寸完全相同的一对齿轮6、泵体7，前泵盖8、后泵盖4等零件组成。泵体、泵盖及齿轮的各个齿间槽组成了若干个密封的工作腔。

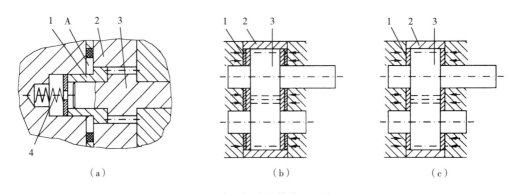

（a）　　　　　　　　　　　（b）　　　　　　　　　　　（c）

图3-7　端面间隙补偿装置示意图

齿轮泵的工作原理如图3-8所示，当泵的主动齿轮按图示箭头方向作逆时针旋转时，右侧吸油腔的轮齿逐渐脱开啮合，齿轮的轮齿退出齿间槽，使密封工作腔的容积逐渐增大，形成局部真空。因此，油箱中的油液在大气压力的作用下，经吸油管路进入吸油腔，将齿间槽充满，并随着齿轮的旋转，把油液带到左侧压油腔。这时压油腔的轮齿逐渐进入啮合，使密封工作腔的容积逐渐减小，齿间槽中的油液被挤压，通过出口输出。当齿轮泵的主动齿轮由电动机驱动不断旋转时，泵的吸、压油口便不断地吸油和压油。在齿轮泵的啮合过程中，啮合点沿啮合线将吸油腔和压油腔自然分隔开来，起配油作用。

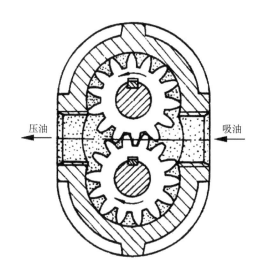

图 3-8　齿轮泵的工作原理

3.2.2.2　排流量计算

（1）齿轮泵的排量

外啮合齿轮泵的排量近似等于一对齿轮所有齿间槽容积之和，假如齿间槽容积大致等于轮齿的体积，那么齿轮泵的排量 V 等于一个齿轮的齿间槽容积和轮齿容积体积的总和，即：

$$V = \pi DhB = 2\pi zm^2B \tag{3-8}$$

式中：D 为齿轮分度圆直径，$D=mz$（cm）；h 为有效齿高，$h=2m$（cm）；B 为齿轮宽（cm）；m 为齿轮模数（cm）；z 为齿数。

实际上齿间槽的容积要比轮齿的体积稍大，齿数越少差值越大，故式（3-8）中的 π 常以 3.33~3.50 代替（齿数较少时，取较大的值），则式（3-8）可表示为：

$$V = (6.66 \sim 7)zm^2B \tag{3-9}$$

（2）齿轮泵的实际流量

外啮合齿轮的实际流量 q 为：

$$q = (6.66 \sim 7)zm^2Bn\eta_{\mathrm{v}} \times 10^{-3} \tag{3-10}$$

式中：n 为齿轮泵转速（r/min）；η_{v} 为齿轮泵的容积效率。

由于齿轮啮合过程中工作腔容积变化率不是常数，因此，齿轮泵的瞬时流量是脉动的。用流量脉动率来评价瞬时流量的脉动。设瞬时最大流量为 $q_{\max}$，最小流量为 $q_{\min}$，平均流量为 q_{p}，则泵的瞬时理论流量脉动率为：

$$f_{\mathrm{Q}} = \frac{q_{\max} - q_{\min}}{q_{\mathrm{p}}} \tag{3-11}$$

外啮合齿轮泵齿数越少，脉动率越大。内啮合齿轮泵的脉动率要小得多。

3.2.3　内啮合齿轮泵

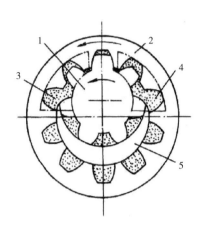

图 3-9　内啮合齿轮泵

1—小齿轮（主动齿轮）　2—内齿轮（从动齿轮）

3—吸油腔　4—压油腔　5—隔板

内啮合齿轮泵的工作原理也是利用齿间密封容积的变化来实现吸油压油，渐开线型齿轮泵如图 3-9 所示，一对相互内啮合的小齿轮和内齿轮与侧板所形成的密封容积被齿轮啮合线和月牙板分成两部分。当小齿轮按图示方向旋转时，内齿轮同向旋转，图中左侧轮齿脱开啮合，密封容积增加，为吸油腔；右侧轮齿进入啮合，密封容积减小，为压油腔。

内啮合齿轮泵有许多优点，如结构紧凑，体积小，零件少，转速可高达 10000r/mim，运动平稳，噪声低，容积效率较高等。缺点是流量脉动大，转子的制造工艺复杂等。

3.3　叶片泵

叶片泵分为单作用式叶片泵和双作用式叶片泵。单作用叶片泵多为变量泵，双作用叶片泵均为定量泵。

3.3.1　单作用叶片泵

3.3.1.1　工作原理

单作用叶片泵的工作原理如图 3-10 所示，单作用叶片泵由转子 1、定子 2、叶片 3 和配油盘等零件组成。定子具有圆柱形内表面，定子和转子间有偏心距 e，叶片装在转子槽中，并可在槽内滑动，当转子回转时，由于离心力的作用，使叶片紧靠在定子内壁，这样在定子、转子、叶片和两侧配油盘间就形成若干个密

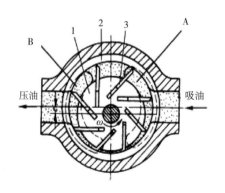

图 3-10　单作用叶片泵的工作原理

1—转子　2—定子　3—叶片

封的工作腔，当转子按图示的方向旋转时，在图的右部，叶片逐渐伸出，叶片间的工作空间逐渐增大，从吸油口吸油，形成吸油腔。在图的左部，叶片被定子内壁逐渐压进槽内，工作空间逐渐缩小，将油液从压油口压出，形成压油腔，在吸油腔和压油腔之间，有一段封油区，把吸油腔和压油腔隔开。这种叶片泵转子每转一周，每个工作空间完成一次吸油和压油，称为单作用叶片泵。转子不停地旋转，泵就连续地吸油和排油。

3.3.1.2　排量和流量

单作用叶片泵的排量为各密封工作空间在主轴旋转一周时所排出的液体的体积，单作用叶片泵的排量为：

$$V = 4BzRe\sin\frac{\pi}{z} \tag{3-12}$$

式中：B 为转子的轴向宽度（叶片宽度）；z 为叶片数目；R 为定子内圈半径；e 为定子与转子的偏心距。

当转速为 n，泵的容积效率为 η_v 时，泵的理论流量和实际流量分别为：

$$q_i = Vn = 4\pi ReBn \tag{3-13}$$

$$q = q_i\eta_v = 4\pi ReBn\eta_v \tag{3-14}$$

在式（3-12）至式（3-14）中的计算中并未考虑叶片的厚度以及叶片的倾角对单作用叶片泵排量和流量的影响，实际上叶片在槽中伸出和缩进时，叶片槽底部也有吸油和压油过程，一般在单作用叶片泵中，压油腔和吸油腔处的叶片底部是分别和压油腔及吸油腔相通的，因而叶片槽底部的吸油和压油恰好补偿了叶片厚度及倾角所占据体积而引起的排量和流量的减小，这就是在计算中不考虑叶片厚度和倾角影响的缘故。

单作用叶片泵的流量也是有脉动的，理论分析表明，泵内叶片数越多，流量脉动率越小，此外，奇数叶片的泵的脉动率比偶数叶片的泵的脉动率小，所以单作用叶片泵的叶片数均为奇数，一般为 13 片或 15 片。

3.3.1.3　特点

（1）改变定子和转子之间的偏心便可改变流量。偏心反向时，吸油压油方向也相反。

（2）处在压油腔的叶片顶部受到压力油的作用，该作用要把叶片推入转子槽内。为了使叶片顶部可靠地和定子内表面相接触，压油腔一侧的叶片底部要通过特殊的沟槽和压油腔相通。吸油腔一侧的叶片底部要和吸油腔相通,这里的叶片仅靠离心力的作用顶在定子内表面上。

(3)由于转子受到不平衡的径向液压作用力,所以这种泵一般不宜用于高压。

(4)为了更有利于叶片在惯性力作用下向外伸出,而使叶片有一个与旋转方向相反的倾斜角,称后倾角,一般为24°。

3.3.1.4 限压式变量叶片泵

限压式变量叶片泵是一种输出流量随工作压力变化而变化的单作用叶片泵。当工作压力大到泵所产生的流量全部用于补偿泄漏时,泵的输出流量为零,不管外负载再怎样增大,泵的输出压力不会再升高,所以称为限压式变量叶片泵。限压式变量叶片泵可分为外反馈和内反馈两种,图3-11所示为外反馈限压式变量叶片泵的工作原理。

改变定子和转子间的偏心距 e,就能改变泵的输出流量,限压式变量叶片泵能借助输出压力的大小自动改变偏心距 e 的大小来改变输出流量。当压力低于某一可调节的限定压力时,泵的输出流量最大;压力高于限定压力时,随着压力增加,泵的输出流量线性减少,其工作原理如图3-11所示。在泵未运转时,定子3在弹簧2的作用下,紧靠活塞4,并使活塞4靠在螺钉5上。这时,定子和转子有一偏心量 e_0,调节螺钉5的位置,便可改变 e_0。当泵的出口压力 p 较低时,则作用在活塞4上的液压力也较小,若此液压力小于上端的弹簧作用力,当活塞的面积为 A、调压弹簧的刚度为 k_s、预压缩量为 x_0 时,有:

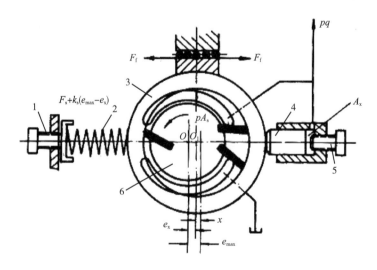

图3-11　限压式变量叶片泵的工作原理

1—调压螺钉　2—调压弹簧　3—定子　4—反馈活塞　5—流量调节螺钉　6—转子

$$pA < k_s x_0 \qquad\qquad (3\text{-}15)$$

此时，定子相对于转子的偏心量最大，输出流量最大。随着外负载的增大，液压泵的出口压力 p 也将随之提高，当压力升至与弹簧力相平衡的控制压力 p_B 时，有：

$$p_B A = k_s x_0 \qquad\qquad (3\text{-}16)$$

当压力进一步升高，使 $pA > k_s x_0$，这时，若不考虑定子移动时的摩擦力，液压作用力就要克服弹簧力推动定子向上移动，随之泵的偏心量减小，泵的输出流量也减小。p_B 称为泵的限定压力，即泵处于最大流量时所能达到的最高压力，调节调压螺钉 1，可改变弹簧的预压缩量 x_0 即可改变 p_B 的大小。

设定子的最大偏心量为 e_0，偏心量减小时，弹簧的附加压缩量为 x，则定子移动后的偏心量 e 为：

$$e = e_0 - x \qquad\qquad (3\text{-}17)$$

这时，定子上的受力平衡方程式为：

$$pA = k_s(x_0 - x) \qquad\qquad (3\text{-}18)$$

将式（3-16）、式（3-18）代入式（3-17）可得：

$$e = e_0 - \frac{A(p - p_B)}{k_s} \qquad (p \geqslant p_B) \qquad\qquad (3\text{-}19)$$

式（3-19）表示了泵的工作压力与偏心量的关系，由式（3-19）可以看出，泵的工作压力越高，偏心量就越小，泵的输出流量也就越小，且当 $p = k_s(e_0 + x_0)/A$ 时，泵的输出流量为零，控制定子移动的作用力是将液压泵出口的压力油引到柱塞上，然后再加到定子上去，这种控制方式称为外反馈式。

限压式变量叶片泵在工作过程中，当工作压力 p 小于预先调定的限定压力 p_c 时，液压作用力不能克服弹簧的预紧力，这时定子的偏心距保持最大不变，因此泵的输出流量 q_A 不变，但由于供油压力增大时，泵的泄漏流量 p_1 也增加，所以泵的实际输出流量 q 也略有减少，如图 3-12 限压式变量叶片泵的特性曲线中的 AB 段所示。调节流量调节螺钉 5（图 3-10）可调节最大偏心量（初始偏心量）的大小。从而改变泵的最大输出流量 q_A，特性曲线 AB 段上下平移，当泵的供

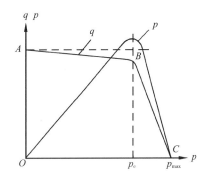

图 3-12　限压式变量叶片泵的特性曲线

油压力 p 超过预先调整的压力 p_B 时，液压作用力大于弹簧的预紧力，此时弹簧受压缩定子向偏心量减小的方向移动，使泵的输出流量减小，压力越高，弹簧压缩量越大，偏心量越小，输出流量越小，其变化规律如特性曲线 BC 段所示。调节调压弹簧 10 可改变限定压力 p_c 的大小，这时特性曲线 BC 段左右平移，而改变调压弹簧的刚度时，可以改变 BC 段的斜率，弹簧越"软"（k_s 值越小），BC 段越陡，p_{max} 值越小；反之，弹簧越"硬"（k_s 值越大），BC 段越平坦，p_{max} 值也越大。当定子和转子之间的偏心量为零时，系统压力达到最大值，该压力称为截止压力，实际上由于泵的泄漏存在，当偏心量尚未达到零时，泵向系统的输出流量实际已为零。

3.3.2 双作用叶片泵

3.3.2.1 双作用叶片泵的工作原理

双作用叶片泵的工作原理如图 3-13 所示，泵也是由定子 1、转子 2、叶片 3 和配油盘（图中未画出）等组成。转子和定子中心重合，定子内表面近似为椭圆柱形，该椭圆形由两段长半径 R、两段短半径 r 和四段过渡曲线所组成。当转子转动时，叶片在离心力和（建压后）根部压力油的作用下，在转子槽内作径向移动而压向定子内表，由叶片、定子的内表面、转子的外表面和两侧配油盘间形成若干个密封空间，当转子按图示方向旋转时，处在小圆弧上的密封空间经过渡曲线而运动到大圆弧的过程中，叶片外伸，密封空间的容积增大，要吸入油液；再从大圆弧经过渡曲线运动到小圆弧的过程中，叶片被定子内壁逐渐压进槽内，密封空间容积变小，将油液从压油口压出，

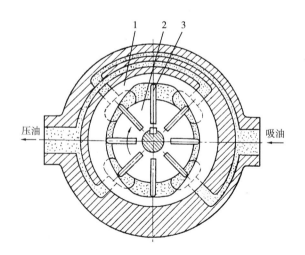

图 3-13　双作用叶片泵的工作原理

1—定子　2—转子　3—叶片

因而，当转子每转一周，每个工作空间要完成两次吸油和压油，所以称为双作用叶片泵，这种叶片泵由于有两个吸油腔和两个压油腔，并且各自的中心夹角是对称的，所以作用在转子上的油液压力相互平衡，因此双作用叶片泵又称卸荷式叶片泵，为了要使径向力完全平衡，密封空间数（即叶片数）应是双数。

3.3.2.2　双作用叶片泵的排量和流量计算

由于转子在转一周的过程中，每个密封空间完成两次吸油和压油，式中的各参数在不考虑叶片的厚度和倾角时双作用叶片泵的排量为：

$$V = 2z(V_1 - V_2) \tag{3-20}$$

一般在双作用叶片泵中，叶片底部全部接通压力油腔，因而叶片在槽中作往复运动时，叶片槽底部的吸油和压油不能补偿由于叶片厚度所造成的排量减小，为此双作用叶片泵当叶片厚度为 b、叶片安放的倾角为 θ 时的排量为：

$$V = 2\pi(R^2 - r^2)B - 2\frac{R-r}{\cos\theta}bzB = 2B\left[\pi(R^2 - r^2) - \frac{R-r}{\cos\theta}bz\right] \tag{3-21}$$

所以当双作用叶片泵的转数为 n，泵的容积效率为 η_v 时，泵的理论流量和实际输出流量分别为：

$$q_i = Vn = 2B\left[\pi(R^2 - r^2) - \frac{R-r}{\cos\theta}bz\right]n \tag{3-22}$$

$$q = q_i\eta_v = 2B\left[\pi(R^2 - r^2) - \frac{R-r}{\cos\theta}bz\right]n\eta_v \tag{3-23}$$

双作用叶片泵如不考虑叶片厚度，泵的输出流量是均匀的，但实际叶片是有厚度的，长半径圆弧和短半径圆弧也不可能完全同心，尤其是叶片底部槽与压油腔相通，因此泵的输出流量将出现微小的脉动，但其脉动率较其他形式的泵（螺杆泵除外）小得多，且在叶片数为 4 的整数倍时最小，为此，双作用叶片泵的叶片数一般为 12 片或 16 片。

3.3.2.3　双作用叶片泵的结构特点

（1）配油盘

双作用叶片泵的配油盘如图 3-14 所示，在盘上有两个吸油窗口 2、4 和两个压油窗口 1、3，窗口之间为封油区，通常应使封油区对应的中心角 β 稍大于或等于两个叶片之间的夹角，否则会使吸油腔和压油腔连通，造成泄漏，当两个叶片间密封油液从吸油区过渡到封油区（长半径圆弧处）时，其压力基本上与吸油压力相同，但当转子再继续旋转一个微小角度时，使该密封腔突然与压油腔相通，使其中油液压力突然升

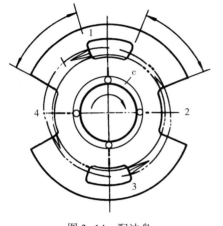

图 3-14 配油盘

1, 3—压油窗口 2, 4—吸油窗口

c—环形槽

高, 油液的体积突然收缩, 压油腔中的油倒槽流进该腔, 使液压泵的瞬时流量突然减小, 引起液压泵的流量脉动、压力脉动和噪声, 为此在配油盘的压油窗口靠叶片从封油区进入压油区的一边开有一个截面形状为三角形的三角槽 (又称眉毛槽), 使两叶片之间的封闭油液在未进入压油区之前就通过该三角槽与压力油相连, 其压力逐渐上升, 因而缓减了流量和压力脉动, 并降低了噪声。环形槽 c 与压油腔相通并与转子叶片槽底部相通, 使叶片的底部作用有压力油。

（2）定子曲线

定子曲线是由四段圆弧和四段过渡曲线组成的。如图 3-15 所示过渡曲线应保证叶片贴紧在定子内表面上, 保证叶片在转子槽中径向运动时速度和加速度的变化均匀, 使叶片对定子的内表面的冲击尽可能小。

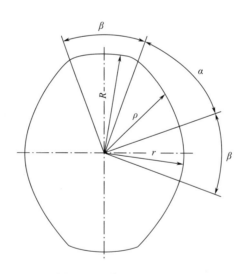

图 3-15 定子的过渡曲线

过渡曲线如采用阿基米德螺旋线, 则叶片泵的流量理论上没有脉动, 可是叶片在大、小圆弧和过渡曲线的连接点处产生很大的径向加速度, 对定子产生冲击, 造成连接点处严重磨损, 并发生噪声。在连接点处用小圆弧进行修正, 可以改善这种情况, 在较为新式的泵中采用"等加速—等减速"曲线。

（3）叶片的倾角

叶片在工作过程中，受离心力和叶片根部压力油的作用，使叶片和定子紧密接触。当叶片转至压油区时，定子内表面迫使叶片推向转子中心，它的工作情况和凸轮相似，叶片与定子内表面接触有一压力角为 β，且大小是变化的，其变化规律与叶片径向速度变化规律相同，即从零逐渐增加到最大，又从最大逐渐减小到零，因而在双作用叶片泵中，将叶片顺着转子回转方向前倾一个 θ 角，使压力角减小到 β'，这样就可以减小侧向力 F_T，使叶片在槽中移动灵活，并可减少磨损，如图 3-16 所示。

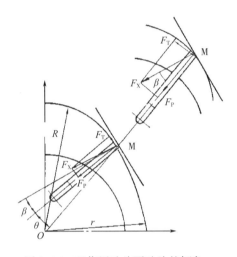

图 3-16　双作用叶片泵叶片的倾角

3.3.2.4　提高双作用叶片泵压力的措施

由于一般双作用叶片泵的叶片底部通压力油，就使处于吸油区的叶片顶部和底部的液压作用力不平衡，叶片顶部以很大的压紧力抵在定子吸油区的内表面上，使磨损加剧，影响叶片泵的使用寿命，尤其是工作压力较高时，磨损更严重，因此吸油区叶片两端压力不平衡，限制了双作用叶片泵工作压力的提高。所以在高压叶片泵的结构上必须采取措施，使叶片压向定子的作用力减小。常用的措施有：

（1）减小作用在叶片底部的油液压力

将泵的压油腔的油通过阻尼槽或内装式小减压阀通到吸油区的叶片底部，使叶片经过吸油腔时，叶片压向定子内表面的作用力不致过大。

（2）减小叶片底部承受压力油作用的面积

叶片底部受压面积为叶片的宽度和叶片厚度的乘积，因此减小叶片的实际受力宽度和厚度，就可减小叶片受压面积。

减小叶片实际受力宽度结构如图3-17（a）所示，这种结构中采用了复合式叶片（又称子母叶片），叶片分成母叶片1与子叶片2两部分。通过配油盘使K腔总是接通压力油，引入母子叶片间的小腔c内，而母叶片底部L腔，则借助于虚线所示的油孔，始终与顶部油液压力相同。这样，无论叶片处在吸油区还是压油区，母叶片顶部和底部的压力油总是相等的，当叶片处在吸油腔时，只有c腔的高压油作用而压向定子内表面，减小了叶片和定子内表面间的作用力。图3-17（b）所示为阶梯片结构，在这里，阶梯叶片和阶梯叶片槽之间的油室d始终和压力油相通，而叶片的底部和所在腔相通。这样，叶片在d室内油液压力作用下压向定子表面，由于作用面积减小，使其作用力不致太大，但这种结构的工艺性较差。

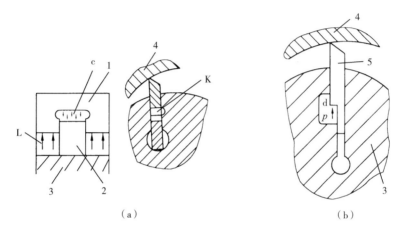

图3-17　减小叶片作用面积的高压叶片泵叶片结构

1—母叶片　2—子叶片　3—转子　4—定子　5—叶片

（3）使叶片顶端和底部的液压作用力平衡

图3-18（a）所示的泵采用双叶片结构，叶片槽中有两个可以作相对滑动的叶片1和2，每个叶片都有一棱边与定子内表面接触，在叶片的顶部形成一个油腔a，叶片底部油腔b始终与压油腔相通，并通过两叶片间的小孔c与油腔a相连通，因而使叶片顶端和底部的液压作用力得到平衡。适当选择叶片顶部棱边的宽度，可以使叶片对定子表面既有一定的压紧力，又不致使该力过大。为了使叶片运动灵活，对零件的制造精度将提出较高的要求。

图3-18（b）所示为叶片装弹簧的结构，这种结构叶片1较厚，顶部与底部有孔相通，叶片底部的油液是由叶片顶部经叶片的孔引入的，因此叶片上下油腔油液的作用力基本平衡，为使叶片紧贴定子内表面，保证密封，在叶片根部装有弹簧。

叶片泵的结构较齿轮泵复杂，但其工作压力较高，且流量脉动小，工作平稳，噪声较小，寿命较长。所以它被广泛应用于机械制造中的专用机床、自动线等中低压液压系统中，但其结构复杂，吸油特性不太好，对油液的污染也比较敏感。

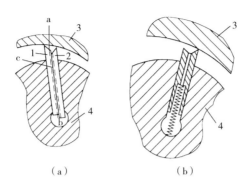

图 3-18 叶片液压力平衡的高压叶片泵叶片结构

1, 2—叶片 3—定子 4—转子

3.4 柱塞泵

柱塞泵是靠柱塞在缸体中作往复运动造成密封容积的变化来实现吸油与压油的液压泵，与齿轮泵和叶片泵相比，这种泵有许多优点。第一，构成密封容积的零件为圆柱形的柱塞和缸孔，加工方便，可得到较高的配合精度，密封性能好，在高压工作仍有较高的容积效率；第二，只需改变柱塞的工作行程就能改变流量，易于实现变量；第三，柱塞泵中的主要零件均受压应力作用，材料强度性能可得以充分利用。由于柱塞泵压力高，结构紧凑，效率高，流量调节方便，故在需要高压、大流量、大功率的系统中和流量需要调节的场合。

柱塞泵按柱塞的排列和运动方向不同，可分为径向柱塞泵和轴向柱塞泵两大类。

3.4.1 径向柱塞泵

3.4.1.1 径向柱塞泵的工作原理

径向柱塞泵的工作原理如图 3-19 所示，柱塞 1 径向排列装在缸体 2 中，缸体由原动机带动连同柱塞 1 一起旋转，所以缸体 2 一般称为转子，柱塞 1 在离心力的（或在低压油）作用下抵紧定子 4 的内壁，当转子按图示方向回转时，由于定子和转子之间有偏心距 e，柱塞绕经上半周时向外伸出，柱塞底部的容积逐渐增大，形成部分真空，因此便经过衬套3（衬套3是压紧在转子内，并和转子一起回转）上的油孔从配油轴5和吸油口b吸油；当柱塞转到下半周时，定子内壁将柱塞向里推，柱塞底部的容积逐渐减小，向配油轴的压油口c压油，当转子回转一周时，每个柱塞底部的密封容积完成一次吸压油，转子连续运转，即完成压吸油工作。配油轴固定不动，油液从配油轴上半部的两个孔a流入，从下半部两个油孔d压出，为了进行配油，配油轴在和衬套3接触的一段加工出上下两个缺口，形成吸油口b和压油口c，留下的部分形成封油区。封油区的宽度应能封住衬套上的吸压油孔，以防吸油口和压油口相连通，但尺寸也不能大得太多，以免产生困油现象。

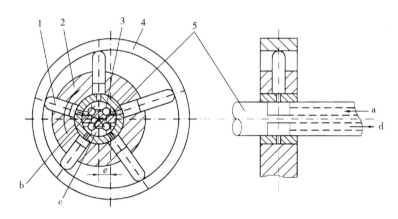

图 3-19　径向柱塞泵的工作原理

1—柱塞　2—缸体　3—衬套　4—定子　5—配油轴

径向柱塞泵的流量因偏心距 e 的大小而不同，若偏心距 e 做成可调的（一般是使定子作水平移以调节偏心距），就成为变量泵，如偏心距的方向改变后，进油口和压油口也随之互相变换，这就是双向变量泵。

由于径向柱塞泵径向尺寸大，结构较复杂，自吸能力差，且配油轴受到径向不平衡液压力的作用，易于磨损，从而限制了其转速和压力的提高。

3.4.1.2　径向柱塞泵的排量和流量计算

当转子和定子之间的偏心距为 e 时，柱塞在缸体孔中的行程为 $2e$，设柱塞个数为 z，直径为 d 时，泵的排量为：

$$V = \frac{\pi}{4} d^2 2ez \tag{3-24}$$

设泵的转数为 n，容积效率为 η_v，则泵的实际输出流量为：

$$q = \frac{\pi}{4} d^2 2ezn\eta_v = \frac{\pi d^2}{2} ezn\eta_v \tag{3-25}$$

由于径向柱塞泵中的柱塞在缸体中移动速度是变化的，因此泵的输出流量是有脉动的，当柱塞较多且为奇数时，流量脉动也较小。

3.4.2 轴向柱塞泵

3.4.2.1 轴向柱塞泵的工作原理

轴向柱塞泵是将多个柱塞配置在一个共同缸体的圆周上，并使柱塞中心线和缸体中心线平行的一种泵。轴向柱塞泵有两种形式，直轴式（斜盘式）和斜轴式（摆缸式），如图 3-20 所示为直轴式轴向柱塞泵的工作原理，这种泵主体由缸体 1、配油盘 2、柱塞 3 和斜盘 4 组成。柱塞沿圆周均匀分布在缸体内。斜盘轴线与缸体轴线倾斜一角度，柱塞靠机械装置或在低压油作用下压紧在斜盘上（图中为弹簧），配油盘 2 和斜盘 4 固定不转，当原动机通过传动轴使缸体转动时，由于斜盘的作用，迫使柱塞在缸体内作往复运动，并通过配油盘的配油窗口进行吸油和压油。如图 3-20 所示回转方向，当缸体转角在 $\pi \sim 2\pi$ 范围内，柱塞向外伸出，柱塞底部缸孔的密封工作容积增大，通过配油盘的吸油窗口吸油；在 $0 \sim \pi$ 范围内，柱塞被斜盘推入缸体，使缸孔容积减小，通过配油盘的压油窗口压油。缸体每转一周，每个柱塞各完成吸、压油一次，如改变斜盘倾角，就能改变柱塞行程的长度，即改变液压泵的排量，改变斜盘倾角方向，就能改变吸油和压油的方向，即成为双向变量泵。

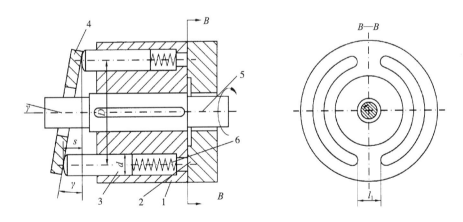

图 3-20　轴向柱塞泵的工作原理

1—缸体　2—配油盘　3—柱塞　4—斜盘　5—传动轴　6—弹簧

配油盘上吸油窗口和压油窗口之间的密封区宽度 l 应稍大于柱塞缸体底部通油孔宽度 l_1。但不能相差太大，否则会发生困油现象。一般在两配油窗口的两端部开有小三角槽，以减小冲击和噪声。

斜轴式轴向柱塞泵的缸体轴线相对传动轴轴线呈一倾角,传动轴端部用万向铰链、连杆与缸体中的每个柱塞相连接,当传动轴转动时,通过万向铰链、连杆使柱塞和缸体一起转动,并迫使柱塞在缸体中作往复运动,借助配油盘进行吸油和压油。这类泵的优点是变量范围大,泵的强度较高,但和上述直轴式相比,其结构较复杂,外形尺寸和重量均较大。

轴向柱塞泵的优点是:结构紧凑、径向尺寸小,惯性小,容积效率高,目前最高压力可达 40.0MPa,甚至更高,一般用于工程机械、压力机等高压系统中,但其轴向尺寸较大,轴向作用力也较大,结构比较复杂。

3.4.2.2 轴向柱塞泵的排量和流量计算

如图 3-20 所示,柱塞的直径为 d,柱塞分布圆直径为 D,斜盘倾角为 γ 时,柱塞的行程为 $s = D\tan\gamma$,所以当柱塞数为 z 时,轴向柱塞泵的排量为:

$$V = \frac{\pi}{4}d^2 Dz\tan\gamma \tag{3-26}$$

设泵的转数为 n,容积效率为 η_v,则泵的实际输出流量为:

$$q = \frac{\pi}{4}d^2 Dzn\eta_v\tan\gamma \tag{3-27}$$

实际上,由于柱塞在缸体孔中运动的速度不是恒速的,因而输出流量是有脉动的,当柱塞数为奇数时,脉动较小,且柱塞数多脉动也较小,因而一般常用的柱塞泵的柱塞个数为 7、9 或 11。

3.4.2.3 轴向柱塞泵的结构特点

(1) 典型结构

图 3-21 所示为一种直轴式轴向柱塞泵的结构。柱塞的球状头部装在滑履 4 内,以缸体作为支撑的弹簧 9 通过钢球推压回程盘 3,回程盘和柱塞滑履一同转动。在排油过程中借助斜盘 2 推动柱塞作轴向运动;在吸油时依靠回程盘、钢球和弹簧组成的回程装置将滑履紧紧压在斜盘表面上滑动,弹簧 9 一般称为回程弹簧,这样的泵具有自吸能力。在滑履与斜盘相接触的部分有一油室,它通过柱塞中间的小孔与缸体中的工作腔相连,压力油进入油室后在滑履与斜盘的接触面间形成一层油膜,起着静压支承的作用,使滑履作用在斜盘上的力大幅减小,因而磨损也减小。传动轴 8 通过左边的花键带动缸体 6 旋转,由于滑履 4 贴紧在斜盘表面上,柱塞在随缸体旋转的同时在缸体中作往复运动。缸体中柱塞底部的密封工作容积是通过配油盘 7 与泵的进出口相通的。随着传动轴的转动,液压泵就连续地吸油和排油。

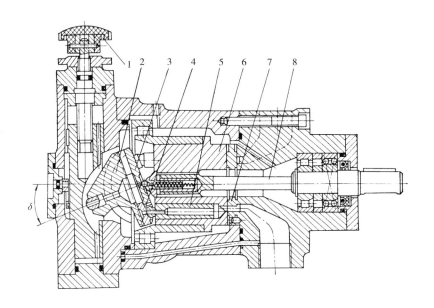

图 3-21 直轴式轴向柱塞泵结构

1—转动手轮 2—斜盘 3—回程盘 4—滑履 5—柱塞 6—缸体 7—配油盘 8—传动轴

（2）变量机构

由式（3-27）可知，若要改变轴向柱塞泵的输出流量，只要改变斜盘的倾角，即可改变轴向柱塞泵的排量和输出流量，下面介绍常用的轴向柱塞泵的手动变量和伺服变量机构的工作原理。

①手动变量机构。如图 3-21 所示，转动手轮 1，使丝杠 12 转动，带动变量活塞 11 作轴向移动（因导向键的作用，变量活塞只能作轴向移动，不能转动）。通过轴销 10 使斜盘 2 绕变量机构壳体上的圆弧导轨面的中心（即钢球中心）旋转。从而使斜盘倾角改变，达到变量的目的。当流量达到要求时，可用锁紧螺母 13 锁紧。这种变量机构结构简单，但操纵不轻便，且不能在工作过程中调整变量。

②伺服变量机构。图 3-22 为轴向柱塞泵的伺服变量机构，以此机构代替图 3-21 所示轴向柱塞泵中的手动变量机构，就成为手动伺服变量泵。其工作原理为：泵输出的压力油由通道经单向阀 a 进入变量机构壳体的下腔 d，液压力作用在变量活塞 4 的下端。当与伺服阀阀芯 1 相连接的拉杆不动时（图示状态），变量活塞 4 的上腔 g 处于封闭状态，变量活塞不动，斜盘 3 在某一相应的位置上。当使拉杆向下移动时，推动阀芯 1 一起向下移动，d 腔的压力油经通道 e 进入上腔 g。由于变量活塞上端的有效面积大于下端的有效面积，向下的液压力大于向上的液压，故变量活塞 4 也随之向下移动，直到将通道 e 的油口封闭为止。变量活塞的移动量等于拉杆的位移量、当变量活塞向下移动时，通过轴销带动斜盘 3 摆动，斜盘倾

斜角增加，泵的输出流入随之增加；当拉杆带动伺服阀阀芯向上运动时，阀芯将通道 f 打开，上腔 g 通过卸压通道接通油箱而压，变量活塞向上移动，直到阀芯将卸压通道关闭为止。它的移动量也等于拉杆的移动量。这时斜盘也被带动作相应的摆动，使倾斜角减小，泵的流量也随之相应减小。由上述可知，伺服变量机构是通过操作液压伺服阀动作，利用泵输出的压力油推动变量活塞来实现变量的。故加在拉杆上的力很小，控制灵敏。拉杆可用手动方式或机械方式操作，斜盘可以倾斜±18°，故在工作过程中泵的吸压油方向可以变换，因而这种泵就成为双向变量液压泵。轴向柱塞泵还有很多种变量机构，如恒功率变量机构、恒压变量机构。恒流量变量机构等，这些变量机构与轴向柱塞泵的泵体部分组合就成为各种不同变量方式的轴向柱塞泵。

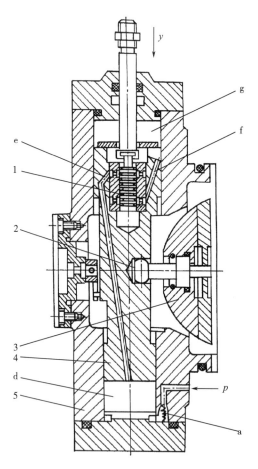

图 3-22　伺服变量机构

1—阀芯　2—铰链　3—斜盘　4—活塞　5—壳体

3.5 液压泵的噪声

噪声对人们的健康十分有害，随着工业生产的发展，工业噪声对人们的影响越来越严重，已引起人们的关注。目前液压技术向着高压、大流量和高功率的方向发展，产生的噪声也随之增加，而在液压系统中液压泵的噪声占有很大比重。因此，研究减小液压系统的噪声，特别是液压泵的噪声，已引起液压界广大工程技术人员、专家学者的重视。

液压泵的噪声大小和液压泵的种类、结构、大小、转速以及工作压力等很多因素有关。

3.5.1　产生噪声的原因

（1）泵的流量脉动和压力脉动，造成泵构件的振动。这种振动有时还可产生谐振。谐振频率可以是流量脉动频率的 2 倍、3 倍或更大，泵的基本频率及其谐振频率若和机械的或液压的自然频率相一致，则噪声便大幅增加。研究结果表明，转速增加对噪声的影响一般比压力增加还要大。

（2）泵的工作腔从吸油腔突然和压油腔相通，或从压油腔突然和吸油腔相通时，产生的油液流量和压力突变，对噪声的影响甚大。

（3）空穴现象。当泵吸油腔中的压力小于油液所在温度下的空气分离压时，溶解在油液中的空气要析出而变成气泡，这种带有气泡的油液进入高压腔时，气泡被击破，形成局部的高频压力冲击，从而引起噪声。

（4）泵内流道具有截面突然扩大和收缩、急拐弯，通道截面过小而导致液体紊流、旋涡及喷流，使噪声加大。

（5）由于机械原因，如转动部分不平衡、轴承不良、泵轴的弯曲等机械振动引起的机械噪声。

3.5.2　降低噪声的措施

（1）消除液压泵内部油液压力的急剧变化。
（2）为吸收液压泵流量及压力脉动，可在液压泵的出口安装消音器。
（3）装在油箱上的泵应使用橡胶垫减振。

69

（4）压油管的一段用橡胶软管，对泵和管路的连接进行隔振。

（5）防止泵产生空穴现象，可采用直径较大的吸油管，减小管道局部阻力；采用大容量的吸油滤油器，防止油液中混入空气；合理设计液压泵，提高零件刚度。

3.6 液压泵的选用

液压泵是液压系统提供一定流量和压力的油液动力元件，它是每个液压系统不可缺少的核心元件，合理选择液压泵对于降低液压系统的能耗、提高系统的效率、降低噪声、改善工作性能和保证系统的可靠工作都十分重要。

选择液压泵的原则是：根据主机工况、功率大小和系统对工作性能的要求，首先确定液压泵的类型，然后按系统所要求的压力、流量大小确定其规格型号。

表3-2列出了液压系统中常用液压泵的主要性能。

表3-2　液压系统中常用液压泵的性能比较

性能	外啮合轮泵	双作用叶片泵	限压式变量叶片泵	径向柱塞泵	轴向柱塞泵	螺杆泵
输出压力	低压	中压	中压	高压	高压	低压
流量调节	不能	不能	能	能	能	不能
效率	低	较高	较高	高	高	较高
输出流量脉动	很大	很小	一般	一般	一般	最小
自吸特性	好	较差	较差	差	差	好
对油的污染敏感性	不敏感	较敏感	较敏感	很敏感	很敏感	不敏感
噪声	大	小	较大	大	大	最小

一般来说，由于各类液压泵各自突出的特点，其结构、功用和动转方式各不相同，因此应根据不同的使用场合选择合适的液压泵。一般在机床液压系统中，往往选用双作用叶片泵和限压式变量叶片泵；而在筑路机械、港口机械以及小型工程机械中往往选择抗污染能力较强的齿轮泵；在负载大、功率大的场合往往选择柱塞泵。

习　　题

1. 某液压泵的输出压力为5MPa，排量为10mL/r，机械效率为0.95，容积效率为0.9，当转速为1200r/min时，泵的输出功率和驱动泵的电动机功率各为多少？

2. 某液压泵的转数为 950r/min，排量为 $V_p = 168\text{mL/r}$，在额定压力 29.5MPa 和同样转速下，测得的实际流量为 150L/min，额定工况下的总效率为 0.87，求：

（1）泵的理论流量 q_t。

（2）泵的容积效率 η_v 和机械效率 η_m。

（3）泵在额定工况下，所需电动机驱动功率 p_i。

（4）驱动泵的转矩 T_i。

3. 某变量叶片泵转子外径 $d = 83\text{mm}$，定子内径 $D = 89\text{mm}$，叶片宽度 $B = 30\text{mm}$，试求：

（1）叶片泵排量为 16mL/r 时的偏心量 e。

（2）叶片泵最大可能的排量 $V_{\max}$。

4. 一变量轴向柱塞泵，共 9 个柱塞，其柱塞分布圆直径 $D = 125\text{mm}$，柱塞直径 $d = 16\text{mm}$，若液压泵以 3000r/min 转速旋转，其输出流量 $q = 50\text{L/min}$，问斜盘角度为多少（忽略泄漏的影响）？

5. 一限压变量叶片泵特性曲线如题图 3-1 所示，$p_B < 1/2 p_{\max}$，试求该泵输出的最大功率和此时的压力。

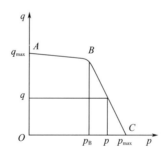

题图 3-1

第4章
液压执行元件

在液压系统中，将液体的压力能转换为机械能的装置称为执行元件。液压执行元件按机械能的不同形式分为液压马达和液压缸两类，输出力与往复直线运动的液压执行元件称为液压缸，输出转矩与连续旋转运动的液压执行元件称为液压马达。

4.1 液压马达

4.1.1 液压马达的工作原理

4.1.1.1 轴向柱塞马达

轴向柱塞马达的工作原理如图 4-1 所示，配油盘 4 和斜盘 1 固定不动，马达轴 5 与缸体 2 相连接并一起旋转。当压力油经配油盘 4 的窗口进入缸体 2 的诸塞孔时，柱塞 3 在压力油作用下向外伸出，柱塞顶端紧贴在斜盘 1 上，斜盘 1 对柱塞 3 产生一个法向反力 F，此力可分解为轴向分离 F_x 和垂直分离 F_y。F_x 与柱塞上的液压力相平衡，而

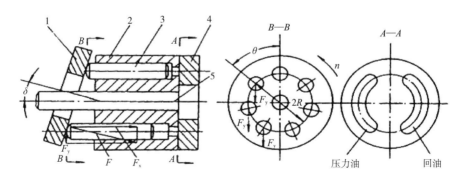

图 4-1　斜盘式轴向柱塞马达的工作原理图

F_y 则使柱塞对缸体中心产生一个转矩，带动马达逆时针方向旋转，轴向柱塞马达产生的瞬时总转矩是脉动的。若改变马达输入压力油的方向，则马达轴 5 按顺时针方向旋转。斜盘倾角越大，产生的转矩越大，转速越低。

4.1.1.2 叶片液压马达

叶片液压马达的工作原理如图 4-2 所示，当高压油由进口同时进入工作区段的叶片 4 和 8 之间的容积时，叶片 4 和 8 的两侧均受到压力油的作用不产生转矩，而叶片 1 和 5、3 和 7 均一侧受到高压油作用，另一侧受到低压油作用。由于叶片 1 和 5 的受力面积大于叶片 3 和 7 的受力面积，所以产生使转子顺时针转动的转矩。由图 4-3 可知，当改变进出油方

图 4-2 叶片液压马达的工作原理图

向时，叶片将带动转子逆时针方向旋转。

4.1.1.3 齿轮液压马达

外啮合齿轮液压马达的工作原理如图 4-3 所示，C 为啮合点，啮合点 C 到两齿轮 I、II 的齿根距离分别为 a 和 b，齿宽为 B，齿高为 h。当高压油进入马达的高压腔时，处于高压腔中的所有齿轮均受到压力油的作用，其中相互啮合的两个轮齿的齿面只有一部分齿面受到高压油的作用。由于 a 和 b 均小于齿高 h，所有在两齿轮 I、II 上就产

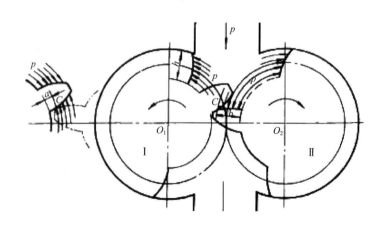

图 4-3 外啮合齿轮液压马达的工作原理图

生了 pB $(h-a)$ 和 pB $(h-b)$ 的作用力, 在这两个力的作用下, 对齿轮产生输出转矩, 并按图示方向旋转。同时, 密封工作腔中的油液被带到低压腔排出。

液压马达 (简称马达) 作为液压系统的执行元件在系统中将输入的压力能转换为旋转运动的机械能对外做功。从工作原理上, 液压马达与液压泵均依靠密封工作腔容积大小变化来工作。从能量转换的观点上看, 两者具有可逆性, 但由于两者工作状态不同, 结构上存在差异, 一般不能通用。

液压马达按工作特性分为高速小转矩液压马达和低速大转矩液压马达两大类, 额定转速高于 500r/min 的属于高速液压马达, 额定转速低于 500r/min 的属于低速液压马达。高速液压马达的基本类型有齿轮式、螺杆式、叶片式和轴向柱塞式等; 低速液压马达的基本类型是径向柱塞式, 例如单作用曲轴连杆式、液压平衡式和多作用内曲线式等。

液压马达按结构类型可分为齿轮式、叶片式、柱塞和其他形式; 液压马达按排量是否改变可分为定量液压马达和变量液压马达。

液压马达的图形符号如图 4-4 所示。

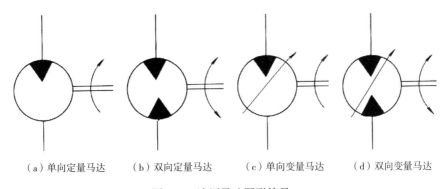

（a）单向定量马达　　　（b）双向定量马达　　　（c）单向变量马达　　　（d）双向变量马达

图 4-4　液压马达图形符号

4.1.2　液压马达的性能参数

4.1.2.1　压力

（1）工作压力

液压马达输入油液的实际压力, 其大小取决于液压马达的负载。液压马达进口压力与出口压力的差值为液压马达的压差。

（2）额定压力

额定压力是指, 按试验标准规定, 能使液压马达连续正常运转的最高压力。

4.1.2.2 排量与流量

（1）排量

排量是指，在不考虑泄漏情况下，使马达输出轴旋转一周所需要的油液的体积，液压马达的排量表示其密封工作容腔几何尺寸变化的大小。

（2）理论流量（几何流量）

理论流量是指，在不考虑泄漏的情况下，液压马达在单位时间内由其密封工作腔几何尺寸变化计算得到的输入液体体积。马达转速为 n 时，马达的理论流量为：

$$q_t = nV \tag{4-1}$$

（3）实际流量

实际流量是指，在正常工作条件下，输入马达中的流量。由于存在泄漏，为了满足转速要求，则马达的实际流量应大于理论输入流量，则为：

$$q = q_i + \Delta q \tag{4-2}$$

式中：Δq 为泄漏流量。

故容积效率 η_{mv} 为：

$$\eta_{mv} = \frac{q_i}{q} = \frac{q_i}{q_i + \Delta q} = \frac{1}{1 + \dfrac{\Delta q}{q_i}} \tag{4-3}$$

所以得实际流量：

$$q = \frac{q_i}{\eta_{mv}}$$

4.1.2.3 功率与效率

（1）输入功率 P_i

液压马达的输入功率为液压功率，当工作压力为 p，实际流量为 q 时，则：

$$P_i = pq \tag{4-4}$$

（2）输出功率 P_o

液压马达的输出功率为马达输出轴的机械功率，当输入转矩为 T_o，角速度为 ω 时，则：

$$P_o = T_o \omega \tag{4-5}$$

如果不考虑液压马达在能量转换过程中的损失，则输入功率与输出功率相等，即：

$$P_i = P_o$$

但实际上，液压马达在能量转换过程中是有损失的，因此输出功率小于输入功率，二者之差为功率损失。功率损失可分为容积损失和机械损失。

（3）容积损失

容积损失是指液压马达流量上的损失，为了达到液压马达要求的转速，液压马达的实际输入的流量总是大于理论流量。液压马达的容积损失用容积效率 η_{v} 来表示，它等于液压泵的理论输出流量 q 与其实际流量 q_{i} 的比值，即：

$$\eta_{\mathrm{i}} = \frac{q}{q_{\mathrm{i}}} = \frac{q_{\mathrm{i}} - \Delta q}{q_{\mathrm{i}}} = 1 - \frac{\Delta q}{q_{\mathrm{i}}} \tag{4-6}$$

（4）机械损失

机械损失是指液压马达输出轴的转矩损失，所以液压泵的实际输入转矩 T_{o} 总是小于理论上所需要的转矩 T_{i}。液压马达的机械损失用机械效率 η_{m} 表示，它等于液压泵的实际输出转矩 T_{i} 与理论转矩 T_{o} 的比值，即：

$$\eta_{\mathrm{m}} = \frac{T_{\mathrm{i}}}{T_{\mathrm{o}}} = \frac{1}{1 + \frac{\Delta T}{T_{\mathrm{l}}}} \tag{4-7}$$

（5）液压马达的总效率

液压马达的总效率是指液压马达的实际输出功率与其输入功率的比值，即：

$$\eta = \frac{p_{\mathrm{o}}}{p_{\mathrm{i}}} = \frac{\Delta p q}{T_{\mathrm{o}}\omega} = \frac{\Delta p q_{\mathrm{t}}\mu_{\mathrm{v}}}{\frac{T_{\mathrm{t}}\omega}{\eta_{\mathrm{m}}}} = \eta_{\mathrm{v}}\eta_{\mathrm{m}} \tag{4-8}$$

4.1.2.4 转速与转矩

（1）转速

液压马达实际输入流量为 q，排量为 V 时，马达的转速为：

$$n_{\mathrm{t}} = \frac{q}{V} \tag{4-9}$$

（2）转矩

液压马达输出的工作压力为 ΔP，排量为 V 时，实际转矩为：

$$T_{\mathrm{t}} = \frac{\Delta P V}{2\pi} \tag{4-10}$$

4.2 液压缸

液压缸又称油缸，它是液压系统中的一种执行元件，其功能就是将油液的压力能转变成直线往复式的机械运动。

4.2.1 液压缸的分类

液压缸的种类很多，按结构形式可分为活塞缸、柱塞缸和摆动缸三类。活塞缸和柱塞缸实现往复运动，输出推力和速度；摆动缸则能实现小于360°的往复摆动，输出转矩和角速度。按作用方式可分为单作用式和双作用式，单作用式只有一个方向由液压驱动，反向运动则由弹簧力或重力完成；双作用式在两个方向的运动均有液压实现。液压缸除单个使用外，还可以多个组合起来或和其他机构组合起来，以实现特殊的功用。

4.2.2 活塞式液压缸

活塞式液压缸按其使用要求可分为双杆式和单杆式两种；按安装方式可分为缸固定和活塞杆固定两种。

4.2.2.1 双杆式活塞缸

双杆式活塞缸为活塞两端都有一根直径相等的活塞杆伸出，其结构如图4-5（a）所示，一般由缸体、缸盖、活塞、活塞杆和密封件等零件构成。图4-5（b）为图形符号。

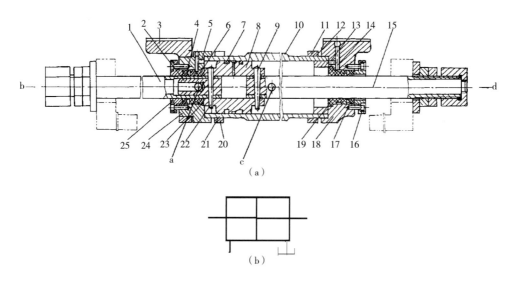

图4-5 空心双活塞杆式液压缸的结构

1—活塞杆 2—堵头 3—托架 4，17—V形密封圈 5，14—排气孔 6，19—导向套 7—O形密封圈
8—活塞 9，22—锥销 10—缸体 11，20—压板 12，21—钢丝环 13，23—纸垫 15—活塞杆
16，25—压盖 18，24—缸盖

双杆活塞缸的安装方式如图 4-6 所示，图 4-6（a）为缸筒固定式的双杆活塞缸，进、出口布置在缸筒两端，活塞通过活塞杆带动工作台移动，当活塞的有效行程为 L 时，整个工作台的运动范围为 $3L$，所以机床占地面积大，一般适用于小型机床。图 4-6（b）为活塞杆固定的形式，进出油口可以设置在固定不动的空心的活塞杆的两端，也可布置在缸筒两端，如若进出油口布置在缸筒两端，则必须使用软管连接，缸体与工作台相连，活塞杆通过支架固定在机床上，动力由缸体传出，工作台的移动范围只等于液压缸有效行程 L 的 2 倍，因此占地面积小，适用于工作台行程较长的情况。

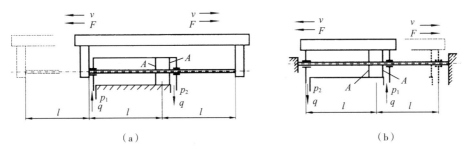

（a）   （b）

图 4-6 双杆活塞缸

由于双杆活塞缸两端的活塞杆直径是相等的，因此其左、右两腔的有效面积也相等，当分别向左、右腔输入相同压力和相同流量的油液时，液压缸左、右两个方向的推力和速度相等。当活塞的直径为 D，活塞杆的直径为 d，液压缸进、出油腔的压力为 p_1 和 p_2，输入流量为 q 时，双杆活塞缸的推力 F 和速度 v 为：

$$F = \frac{\pi(D^2 - d^2)}{4}(p_1 - p_2) \qquad (4-11)$$

$$v = \frac{4q}{\pi(D^2 - d^2)} \qquad (4-12)$$

4.2.2.2 单杆式活塞缸

单杆活塞缸为只有一端带活塞杆，如图 4-7（a）所示，图形符号如图 4-7（b）所示。单杆液压缸的安装方式也有缸体固定和活塞杆固定，但工作台移动范围都是活塞有效行程的 2 倍。

由于液压缸两腔的有效工作面积不等，因此它在两个方向上的输出推力和速度也不等。

在图 4-8（a）中，压力油进入无杆腔时，活塞上所产生的推力与速度分别为：

$$F_1 = p_1 A_1 - p_2 A_2 = \frac{\pi D^2}{4} p_1 - \frac{\pi(D^2 - d^2)}{4} p_2 \qquad (4-13)$$

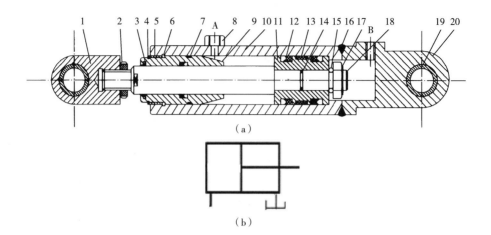

图 4-7 单活塞杆液压缸

1—耳环 2—螺母 3—防尘圈 4,17—弹簧挡圈 5—套 6,15—卡键 7,14—O 形密封圈

8,12—Y 形密封圈 9—缸盖兼导向套 10—缸筒 11—活塞 13—耐磨环 16—卡键帽

18—活塞杆 19—衬套 20—缸底

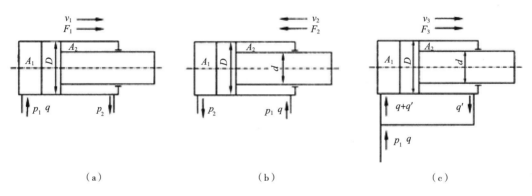

图 4-8 单杆式活塞缸的速度与输出推力

$$v_1 = \frac{q}{A_1} = \frac{4q}{\pi D^2} \tag{4-14}$$

在图 4-8（b）中，压力油进入有杆腔时，活塞上所产生的推力与速度分别为：

$$F_2 = p_1 A_2 - p_2 A_1 = \frac{\pi(D^2 - d^2)}{4} p_1 - \frac{\pi D^2}{4} p_2 \tag{4-15}$$

$$v_2 = \frac{q}{A_2} = \frac{4q}{\pi(D^2 - d^2)} \tag{4-16}$$

由式（4-13）～式（4-16）可知，在供油压力相等、供油流量相等的情况下，由于 $A_1 > A_2$，所以 $F_1 > F_2$，$v_1 < v_2$。

如把两个方向上的输出速度 v_2 和 v_1 的比值称为速度比，记作 λ_v，则：

$\lambda_v = \dfrac{v_2}{v_1} = \dfrac{D^2}{D^2 - d^2}$ 因此，$d = D\sqrt{(\lambda_v - 1)/\lambda_v}$。在已知 D 和 λ_v 时，可确定 d 值。

4.2.2.3　差动缸

在图 4-8（c）中，单杆活塞缸在其左右两腔同时接通压力油时称为差动连接，差动连接缸左右两腔的油液压力相同，但是由于无杆腔的有效面积大于有杆腔的有效面积，故活塞向右运动，同时使有杆腔中排出的油液（流量为 q'）也进入无杆腔，加大了流入无杆腔的流量（$q+q'$），从而也加快了活塞移动的速度。差动连接时，活塞上所产生的推力和运动速度分别为：

$$F_3 = \frac{\pi(d^2)}{4}p_1 \tag{4-17}$$

$$v_3 = \frac{4q}{\pi d^2} \tag{4-18}$$

由式（4-17）、式（4-18）可知，差动连接时液压缸的推力比非差动连接时小，速度比非差动连接时大，正好利用这一点，可使在不加大油液流量的情况下得到较快的运动速度，这种连接方式被广泛应用于组合机床的液压动力系统和其他机械设备的快速运动中。

如果要求机床往返快速相等时，则由式（4-17）得：

$$\frac{4q}{\pi(D^2 - d^2)} = \frac{4q}{\pi d^2}$$

即：

$$D = \sqrt{2}d$$

4.2.3　柱塞缸

柱塞缸如图 4-9 所示，由缸筒和柱塞构成，由于缸筒与柱塞之间没有配合要求，缸筒内孔不需要精加工，只是柱塞和缸盖上的导向套有配合要求，适用于行程较长的场合。为了减轻柱塞重量、减少柱塞的弯曲变形，柱塞常做成空心的，还可以在缸筒内增加辅助支撑，以增强刚性。单作用式柱塞缸如图 4-9（a）所示，它只能实现一个方向的液压传动，反向运动要靠外力；双作用式柱塞缸如图 4-9（b）所示，能够实现双向运动，但必须成对使用。

当柱塞直径为 d，柱塞缸的输出推力和速度分别为：

$$F = p\frac{\pi d^2}{4} \tag{4-19}$$

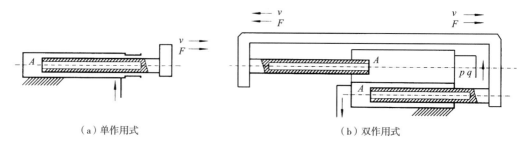

（a）单作用式　　　　　　　　　　　（b）双作用式

图 4-9　柱塞缸

$$v = \frac{4q}{\pi d^2} \tag{4-20}$$

4.2.4　其他液压缸

4.2.4.1　增压液压缸

增压液压缸又称增压器，是活塞缸与柱塞缸组成的复合缸，利用活塞和柱塞有效面积的不同使液压系统中的局部区域获得高压。它有单作用和双作用两种类型，单作用增压缸的工作原理如图 4-10（a）所示，当输入活塞缸的液体压力为 p_1，活塞直径为 D，柱塞直径为 d 时，柱塞缸中输出的液体压力为高压，其值为：

$$p_2 = p_1 \left(\frac{D}{d}\right)^2 = Kp_1 \tag{4-21}$$

式中：$K = \dfrac{D^2}{d^2}$，称为增压比，代表其增压程度。

增压缸不是将液压能转换成机械能，而是传递压力能，使压力增大。

单作用增压缸在柱塞运动到终点时，不能再输出高压液体，需要将活塞退回到左端位置，再向右行时才又输出高压液体，为了克服这一缺点，可采用双作用增压缸，如图 4-10（b）所示，由两个高压端连续向系统供油。

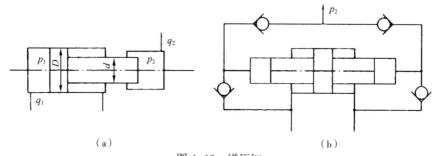

（a）　　　　　　　　　　　　　（b）

图 4-10　增压缸

4.2.4.2　伸缩缸

伸缩缸由两个或多个活塞缸套装而成，前一级活塞缸的活塞杆内孔是后一级活塞缸的缸筒，伸出时可获得很长的工作行程，缩回时可保持很小的结构尺寸，伸缩缸被广泛用于起重运输车辆上。

伸缩缸可以是如图 4-11（a）所示的单作用式，也可以是如图 4-11（b）所示的双作用式，前者靠外力回程，后者靠液压回程。

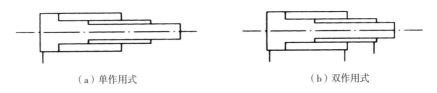

（a）单作用式　　　　　　　　（b）双作用式

图 4-11　伸缩缸

伸缩缸的外伸动作是逐级进行的。首先是最大直径的缸筒以最低的油液压力开始外伸，当到达行程终点后，稍小直径的缸筒开始外伸，直径最小的末级最后伸出。随着工作级数变大，外伸缸筒直径越来越小，工作油液压力随之升高，工作速度变快。

4.2.4.3　齿轮缸

齿轮缸由两个柱塞缸和一套齿条传动装置组成，如图 4-12 所示。柱塞的移动经齿轮齿条传动装置变成齿轮的传动，用于实现工作部件的往复摆动或间歇进给运动。

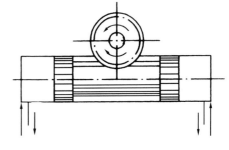

图 4-12　齿轮缸

4.2.5　液压缸的典型结构

4.2.5.1　缓冲装置

液压缸一般都设置缓冲装置，特别是对大型、高速或要求高的液压缸，为了防止活塞在行程终点时与缸盖相互撞击，引起噪声、冲击，则必须设置缓冲装置。

缓冲装置的工作原理是利用活塞或缸筒在其走向行程终端时封住活塞和缸盖之间的部分油液，强迫它从小孔或细缝中挤出，以产生很大的阻力，使工作部件受到制动，逐渐减慢运动速度，达到避免活塞和缸盖相互撞击的目的。

如图 4-13（a）所示，当缓冲柱塞进入与其相配的缸盖上的内孔时，孔中的液压油只能通过间隙 δ 排出，使活塞速度降低。由于配合间隙不变，故随着活塞运动速度的降低，起缓冲作用。当缓冲柱塞进入配合孔之后，油腔中的油只能经节流阀 1 排出，如图 4-13（b）所示。由于节流阀 1 是可调的，因此缓冲作用也可调节，但仍不能解决速度减低后缓冲作用减弱的缺点。如图 4-13（c）所示，在缓冲柱塞上开有三角槽，随着柱塞逐渐进入配合孔中，其节流面积越来越小，解决了在行程最后阶段缓冲作用过弱的问题。

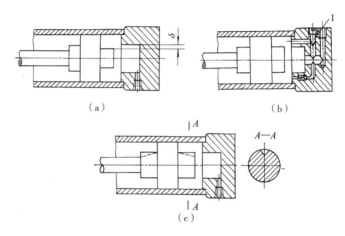

（a）　　　　　　　　　　　　（b）

（c）

图 4-13　液压缸的缓冲装置
1—节流阀

4.2.5.2　排气装置

液压缸在安装过程中或长时间停放重新工作时，液压缸里和管道系统中会渗入空气，为了防止执行元件出现爬行，噪声和发热等不正常现象，需把缸中和系统中的空气排出。一般可在液压缸的最高处设置进出油口将气带走，也可在最高处设置如图 4-14（a）所示的放气孔或专门的放气阀［图 4-14（b）、（c）］。

4.2.5.3　液压缸的特征尺寸

（1）缸筒内径 D。根据液压缸的推力 F 和选定的工作压力 p，或者运动速度和输入流量，按相关公式确定缸筒内径 D 后，从 GB/T 2348—2018 中选取相近的尺寸加以圆整。

（2）活塞杆直径 d。通常先满足液压缸速度或往返速度比来确定活塞杆的直径 d，按 GB/T 2348—2018 加以圆整，然后按其结构强度和稳定性进行校核。

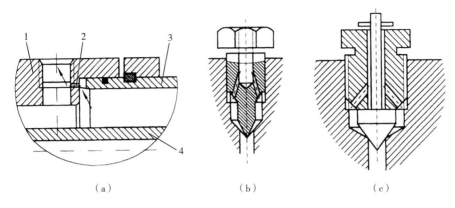

图 4-14　排气装置

1—缸盖　2—放气小孔　3—缸体　4—活塞杆

（3）液压缸缸筒长度 s。液压缸缸筒长度由最大工作行程决定，缸筒的长度一般不超过其内径的 20 倍。

（4）液压缸最小导向长度 H。当活塞杆全部外伸时，从活塞支撑面中点到导向套滑动面中点的距离称为最小导向长度，若导向长度太小，当活塞杆全部伸出时，液压缸的稳定性将变差；反之，又增加液压缸的长度。对于一般的液压缸，其最小导向长度应满足下式：

$$H \geqslant \frac{L}{20} + \frac{D}{2} \tag{4-22}$$

式中：L 为液压缸最大工作行程（m）；D 为缸筒内径（m）。

一般导向套滑动面的长度 A，在 $D<80$mm 时取 $A=（0.6-1.0）D$，在 $D>80$mm 时取 $A=（0.6-1.0）d$；活塞的宽度 B 则取 $B=（0.6-1.0）D$。为保证最小导向长度，过分增大 A 和 B 都是不适宜的，最好在导向套与活塞之间装一隔套 K，隔套宽度 C 由所需的最小导向长度决定，即：

$$C = H - \frac{1}{2}(A + B) \tag{4-23}$$

采用隔套不仅能保证最小导向长度，还可以改善导向套及活塞的通用性。

图 4-15 所示的是一个较常用的双作用单活塞杆液压缸。它是由缸底 20、缸筒 10、缸盖兼导向套 9、活塞 11 和活塞杆 18 组成。缸筒一端与缸底焊接，另一端缸盖（导向套）与缸筒用卡键 6、套 5 和弹簧挡圈 4 固定，以便拆装检修，两端设有油口 A 和 B。活塞 11 与活塞杆 18 利用卡键 15、卡键帽 16 和弹簧挡圈 17 连在一起。活塞与缸孔的密封采用的是一对 Y 形聚氨酯密封圈 12，由于活塞与缸孔有一定间隙，采用由尼龙 1010 制成的耐磨环（又称支承环）13 定心导向。活塞杆 18 和活塞 11 的内孔由 O 形密

封圈 14 密封。较长的导向套 9 则可保证活塞杆不偏离中心，导向套外径由 O 形圈 7 密封，而其内孔则由 Y 形密封圈 8 和防尘圈 3 分别防止油外漏和灰尘带入缸内。缸与杆端销孔与外界连接，销孔内有尼龙衬套抗磨。

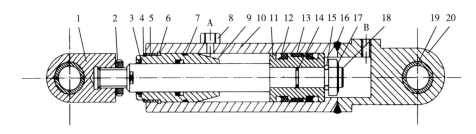

图 4-15　双作用单活塞杆液压缸

1—耳环　2—螺母　3—防尘圈　4，17—弹簧挡圈　5—套　6，15—卡键　7，14—O 形密封圈

8，12—Y 形密封圈　9—缸盖兼导向套　10—缸筒　11—活塞　13—耐磨环　16—卡键帽

18—活塞杆　19—衬套　20—缸底

空心双活塞杆式液压缸的结构如图 4-16 所示。

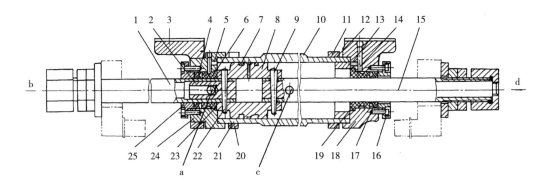

图 4-16　空心双活塞杆式液压缸的结构

1—活塞杆　2—堵头　3—托架　4，17—V 形密封圈　5，14—排气孔　6，19—导向套

7—O 形密封圈　8—活塞　9，22—锥销　10—缸体　11，20—压板　12，21—钢丝环

13，23—纸垫　15—活塞杆　16，25—压盖　18，24—缸盖

由图 4-16 可见，液压缸的左右两腔是通过油口 b 和 d 经活塞杆 1 和 15 的中心孔与左右径向孔 a 和 c 相通的。由于活塞杆固定在床身上，缸体 10 固定在工作台上，工作台在径向孔 c 接通压力油，径向孔 a 接通回油时向右移动；反之则向左移动。在这里，缸盖 18 和 24 是通过螺钉（图中未画出）与压板 11 和 20 相连，并经钢丝环 12 相连，左缸盖 24 空套在托架 3 孔内，可以自由伸缩。空心活塞杆的一端用堵头 2 堵死，并通过锥销 9 和 22 与活塞 8 相连。缸筒相对于活塞运动由左右两个导向套 6 和 19 导向。活

塞与缸筒之间、缸盖与活塞杆之间以及缸盖与缸筒之间分别用 O 形圈 7，V 形圈 4、17
和纸垫 13、23 进行密封，以防止油液的内、外泄漏。缸筒在接近行程的左右终端时，
径向孔 a 和 c 的开口逐渐减小，对移动部件起制动缓冲作用。为了排除液压缸中剩留的
空气，缸盖上设置有排气孔 5 和 14，经导向套环槽的侧面孔道（图中未画出）引出与
排气阀相连。

习　题

1. 已知某液压马达的排量 $V = 250\text{mL/r}$，液压马达入口压力为 $P_1 = 10.5\text{MPa}$，出口
压力 $P_2 = 1.0\text{MPa}$，其总效率 $\eta_\text{m} = 0.9$，容积效率 $\eta_\text{v} = 0.92$，当输入流量 $q = 22\text{L/min}$ 时，
试求液压马达的实际转速 n 和液压马达的输出转矩 T。

2. 一个液压泵，当负载压力为 8MPa 时，输出流量为 96L/min，压力为 10MPa 时，
输出流量为 94L/min，用此泵带动一排量为 90mL/r 的液压马达，当负载转矩为 120N·
m 时，马达的机械效率为 0.94，转速为 1100r/min，试求此时液压马达的容积效率。

3. 某一液压马达的流量为 12L/min，压力为 17.5MPa，输出的扭矩为 40N·m，转
速为 700r/min，试求该马达的总效率为多少？

4. 某一差动的液压缸缸往返速度要求（1）$v_\text{快进} = v_\text{快退}$；（2）$v_\text{快进} = 2v_\text{快退}$。求：活塞
面积 A_1 和活塞杆面积 A_2 之比是多少？

5. 设计一单出杆推力液压缸，活塞返回的速度为 40m/min，返回时克服的负载力
为 $8 \times 10^4\text{N}$，差动进给时速度为 60m/min，克服的阻力为 4000N。供油压力为 10MPa。

求：（1）液压缸直径与活塞杆直径；

（2）工作行程与返回行程所需流量。

6. 如题图 4-1 所示，两个结构相同的液压缸串联起来，无杆腔的有效工作面积
$A_1 = 100\text{cm}^2$，有杆腔的有效工作面积 $A_2 = 80\text{cm}^2$，缸 1 输入的油压 $p_1 = 9 \times 10^5\text{Pa}$，流量
$Q_1 = 12\text{L/min}$，若不考虑一切损失，试求：

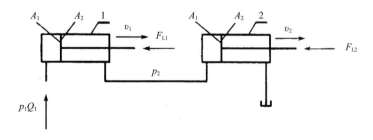

题图 4-1

（1）当两缸的负载相同（$F_{L1} = F_{L2}$）时，能承受的负载为多少？两缸运动的速度各为多少？

（2）缸 2 的输入油压是缸 1 的一半（$p_2 = p_1/2$）时，两缸各能承受多少负载？

（3）缸 1 不承受负载（$F_{L1} = 0$）时，缸 2 能承受多少负载？

第5章

液压控制阀

5.1 概述

液压阀在液压系统中用来控制油液的压力、流量和流动方向，保证执行元件按照负载的需求进行工作。液压阀的品种繁多，即使同一种阀，因应用场合不同，用途也有差异。液压阀的基本结构与原理为：

①在结构上，液压阀主要包括阀体、阀芯和驱使阀芯动作的装置，阀芯的主要形式有滑阀、锥阀和球阀；阀体上有与阀芯配合的阀体孔或阀座孔，此外还有外接油管的进出油口；驱动阀芯的装置可以是手调机构、弹簧、电磁铁等。

②工作原理上，液压阀利用阀芯在阀体内的相对运动来控制阀口的通断及开口大小，从而实现压力、流量和方向的控制。液压阀在工作时，流经阀口的流量 q 与阀口前后的压差 Δp 和阀口开口面积有关。

5.1.1 液压阀的分类

液压阀可按不同的特征进行分类，见表 5-1。

表 5-1 液压阀的分类

分类方法	种类	类型
按机能分类	压力控制阀	溢流阀、顺序阀、卸荷阀、平衡阀、减压阀、比例压力控制阀、缓冲阀、仪表截止阀、限压切断阀、压力继电器等
	流量控制阀	节流阀、单向节流阀、调速阀、分流阀、集流阀、比例流量控制阀等
	方向控制阀	单向阀、液控单向阀、换向阀、行程减速阀、充液阀、梭阀、比例方向控制阀

续表

分类方法	种类	类型
按结构分类	滑阀	圆柱滑阀、旋转阀、平板滑阀
	座阀	锥阀、球阀、喷嘴挡板阀
	射流管阀	射流阀
按操纵方法分类	手动阀	手把及手轮、踏板、杠杆
	机动阀	挡块及碰块、弹簧、液压、气动
	电动阀	电磁铁控制、伺服电动机和步进电动机控制
按连接方式分类	管式连接	螺纹式连接、法兰式连接
	板式及叠加式	连接单层连接板式、双层连接板式、整体连接板式、叠加阀
	插装式连接	螺纹式插装（二、三、四通插装阀）、法兰式插装（二通插装阀）
按其他方式分类	开关或定值控制阀	压力控制阀、流量控制阀、方向控制阀
按控制方式分类	电液比例阀	电液比例压力阀、电源比例流量阀、电液比例换向阀、电流比例复合阀、电流比例多路阀
	伺服阀	单级、两级（喷嘴挡板式、动圈式）电液流量伺服阀、三级电液流量伺服
	数字控制阀	数字控制压力阀、数字控制流量阀与方向阀

5.1.2 液压阀的基本要求

①动作灵敏，使用可靠，工作时冲击和振动小。
②油液流过时压力损失小。
③密封性能好。
④结构紧凑，安装、调整、使用、维护方便，通用性大。

5.2 方向控制阀

方向控制阀简称方向阀，包括单向阀和换向阀两类，用在液压系统中控制液流的方向。

5.2.1 单向阀

液压系统中常用的单向阀有普通单向阀和液控单向阀两种。

5.2.1.1 普通单向阀 (单向阀)

普通单向阀的作用是使液流只能沿一个方向流动，不能反向倒流。普通单向阀的结构如图 5-1 (a) 所示。

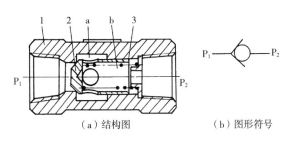

（a）结构图   （b）图形符号

图 5-1 单向阀

1—阀体 2—阀芯 3—弹簧

单向阀由阀体、阀芯和弹簧等零件构成，阀的连接形式为螺纹管式连接，阀体左端油口为进油口 A，右端油口为出油口 B。当压力油从阀体左端的 A 口流入时，克服弹簧 3 作用在阀芯 2 上的力，使阀芯向右移动，打开阀口，并通过阀芯 2 上的径向孔 a、轴向孔 b 从阀体右端的 B 口流出。若压力油反向，从阀体右端的 B 口流入时，它和弹簧力一起使阀芯锥面压紧在阀座上，使阀口关闭，油液无法通过。图 5-1 (b) 所示是单向阀的图形符号。

在普通单向阀中，正向液流通过时的阻力应尽可能小，因此单向阀弹簧的刚度一般都选得较小，仅起到复位的作用，使阀的开启压力仅需 0.03~0.05MPa；而反向截止时，因锥阀阀芯与阀座孔为线密封，且密封力随压力增高而增大，因此密封性能良好。

单向阀的性能要求如下：

①动作应灵敏，工作时不应有撞击和噪声。

②正向最小开启压力。

③正向流动时的压力损失小。

④反向泄漏量小。

单向阀常安装在泵的出口处，防止系统中的液压冲击影响泵的工作，此外还可以防止泵不工作时系统中的油液倒流经泵回油箱。单向阀还可用来分隔油路，防止油路间的相互干扰，或与其他阀组成复合阀，如单向节流阀、单向顺序阀等。当单向阀安装在回油路上使回油具有一定背压时，应更换刚度较大的弹簧，使阀的开启压力达到 0.3~0.5MPa。

5.2.1.2 液控单向阀

液控单向阀的结构如图 5-2（a）所示，液控单向阀除进出油口 A、B 外，还有控制油口 K。当控制油口不通压力油而通油箱时，液控单向阀与普通单向阀一样，油液只能从 A 流向 B，不能反向倒流。当控制油口通压力油时，活塞在压力油的作用下向右移动，推动顶杆 2 顶开阀芯 3，使阀口开启，A 口和 B 口接通，正反向液流均可自由通过。图 5-2（b）所示是液控单向阀的图形符号。

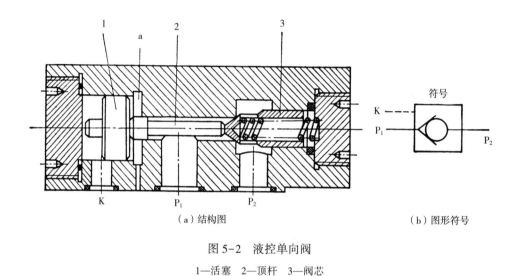

（a）结构图　　　　　　　　　　　（b）图形符号

图 5-2　液控单向阀

1—活塞　2—顶杆　3—阀芯

液控单向阀既可以对反向液流起截止作用且密封性好，又可以在一定条件下允许正反向液流自由通过，在液压系统中多用于系统保压或锁紧回路中。

5.2.2　换向阀

换向阀利用阀芯相对于阀体的相对运动，使油路接通、关断或变换液流方向，从而使液压执行元件启动、停止或换向。

5.2.2.1　换向阀的分类

按结构类型可分为滑阀式、转阀式和球阀式；按阀体连通的主油路数可分为二通、三通、四通等；按阀芯在阀体内的工作位置可分为二位、三位和四位等；按操作阀芯的操作方式可分为手动、机动、电磁动、液动、电液动等。

5.2.2.2　滑阀式换向阀的结构

滑阀式换向阀的结构包括阀体和滑动阀芯两部分,见表 5-2,阀芯是一个具有多个环形槽的圆柱体,阀体孔内有若干个沉割槽,每个沉割槽通过相应与外部油口相通。当阀芯在阀体内作轴向运动时,通过环形槽之间的台肩开启或封闭阀体沉割槽,接通或关闭与沉割槽相通的油口。

表 5-2　换向阀的结构与图形符号

名称	结构原理图	图形符号
二位二通		
二位三通		
二位四通		
三位四通		

注　1. 用方框表示阀的工件位置,有几个方框就表示几"位"。

　　2. 方框内的箭头表示该位置上的油路是接通状态,方框内的符号"⊥""⊤"表示该油路不通。

　　3. 一个方框上、下与外部连接的接口数即表示通数,通常与系统供油路连接的进油路用 P 表示,与系统回路相通的回油口用 T(O)表示,与执行元件或其他油路连接的油口用 A、B 表示。

　　4. 换向阀都有两个或两个以上的工件位置,其中一个是常态位,即阀芯未受到操纵时所在的位置,三位阀的常态位是中位,二位阀的常态位是与弹簧相连的位置,绘制液压系统图时油路一般应连接在常态位上。

由表 5-2 可见,阀体上开有多个与外接油路相连接的油口称为"通",如两个油口为二通、三个油口为三通、四个油口为四通等。阀芯移动后可以停留在不同的工作位置上称为"位",如两个位置为二位、三个位置为三位。由不同的通数和位数构成了不同类型的换向阀，换向阀的功能主要是由其控制的通路数和工作位置所决定的。

5.2.2.3 滑阀式换向阀的操纵方式

常见的滑阀操纵方式如图5-3所示。

（a）手动式　（b）机动式　（c）电磁动　（d）弹簧控制　（e）液动　（f）液压先导控制　（g）电液控制

图5-3　滑阀操纵方式

（1）手动换向阀

图5-4为弹簧自动复位式手动换向阀的结构及图形符号，放开手柄1、阀芯3在弹簧4的作用下自动回复中位，该阀适用于动作频繁、工作持续时间短的场合，操作比较安全，常用于工程机械的液压传动系统中。

如果将该阀阀芯右端弹簧3的部位改为可自动定位的结构形式，即成为可在三个位置定位的手动换向阀。图5-4（a）弹簧钢球定位式的结构及图形符号。

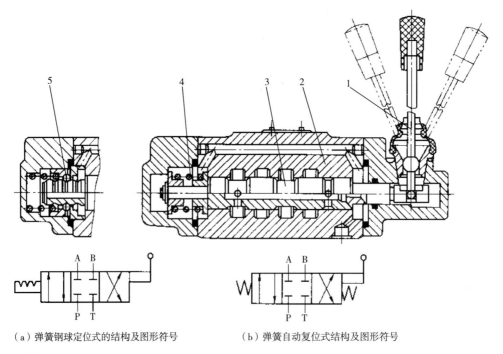

（a）弹簧钢球定位式的结构及图形符号　　　　（b）弹簧自动复位式结构及图形符号

图5-4　三位四通手动换向阀

1—手柄　2—阀体　3—阀芯　4—弹簧　5—钢球

（2）机动换向阀

机动换向阀又称行程阀，它主要用来控制机械
运动部件的行程，它是借助于安装在工作台上的挡
铁或凸轮来迫使阀芯移动，从而控制油液的流动方
向，机动换向阀通常是二位的，有二通、三通、四
通和五通几种，其中二位二通机动阀又分常闭和常
开两种。图5-5为滚轮式二位三通常闭式机动换向
阀，在图示位置阀芯2被弹簧1压向上端，油腔P
和A接通，B口关闭。当挡铁或凸轮压住滚轮4，
使阀芯2移动到下端时，就使油腔P和A断开，P
和B接通，A口关闭。图5-5（b）所示为图形
符号。

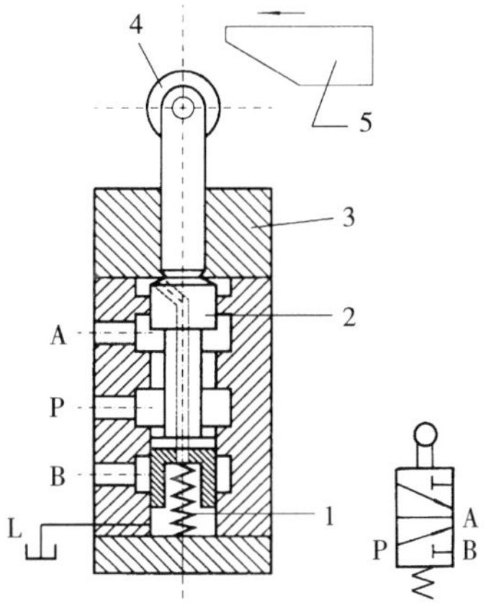

（3）电磁换向阀

电磁换向阀是利用电磁铁的通电吸合与断电释

图 5-5　机动换向阀

1—弹簧　2—阀芯　3—弹簧

4—液轮　5—挡块

放来改变阀芯相对阀体的位置，从而控制液流方向的。它是电气系统与液压系统之间
的信号转换元件，它的电气信号由液压设备中的按钮开关、限位开关、行程开关等电气
元件发出，从而可以使液压系统方便地实现各种操作及自动顺序动作。电磁铁按使用电
源的不同，可分为交流和直流两种。按衔铁工作腔是否有油液又可分为干式和湿式两种。

图5-6所示为二位三通电磁换向阀，阀体左端安装的电磁铁在不得电无电磁吸力
时，阀芯在右端弹簧力的作用下处于左端极限位置（常态位），油口P与A相通，B不
通。若电磁铁得电产生一个向右的电磁吸力通过推杆推动阀芯右移，则阀的左位工作，
油口P与B相通，A不通。当电磁铁断电后阀芯在右端弹簧力作用下复位（常态位），

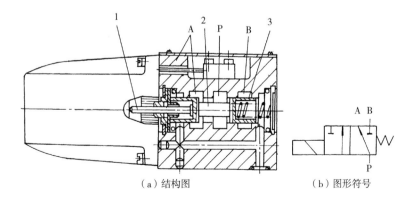

（a）结构图　　　　　（b）图形符号

图 5-6　二位三通电磁换向阀

1—推杆　2—阀芯　3—弹簧

图 5-6（b）所示为图形符号。

因电磁力有限，电磁换向阀的最大通流量小于 100L/min，若通流量较大或要求换向可靠、冲击小，则选用液动换向阀或电液动换向阀。

（4）液动换向阀

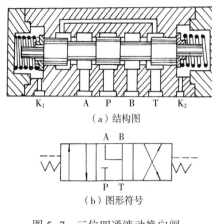

（a）结构图

（b）图形符号

图 5-7 三位四通液动换向阀

液动换向阀是利用控制油路的压力油来改变阀芯位置的换向阀，图 5-7 为三位四通液动换向阀的结构和图形符号。阀芯是由其两端密封腔中油液的压差来移动的，当控制油路的压力油从阀右边的控制油口 K_2 进入滑阀右腔时，K_1 接通回油，阀芯向左移动，使压力油口 P 与 B 相通，A 与 T 相通；当 K_1 接通压力油，K_2 接通回油时，阀芯向右移动，使 P 与 A 相通，B 与 T 相通；当 K_1、K_2 都通回油时，阀芯在两端弹簧和定位套作用下回到中间位置。

（5）电液换向阀

当通过阀的流量较大时，作用在滑阀上的摩擦力和液动力较大，此时电磁换向阀的电磁铁推力相对过小，需要用电液换向阀来代替电磁换向阀。电液换向阀是由电磁换向阀和液动换向阀组合而成，其中液动换向阀实现主油路的换向，称为主阀；电磁换向阀实现改变液动换向阀的控制油路方向，称为先导阀。由于操纵液动换向阀的液压推力可以很大，所以主阀芯的尺寸可以做得很大，允许有较大的油液流量通过。这样用较小的电磁铁就能控制较大的液流。

图 5-8 所示为三位四通电液换向阀的结构和图形符号。当先导电磁阀左边的电磁铁通电后使其阀芯向右边位置移动，来自主阀 P 口或外接油口的控制压力油可经先导电磁阀的 A′口和左单向阀进入主阀左端弹簧腔，并推动主阀阀芯向右移动，这时主阀阀芯右端弹簧腔中的控制油液可通过右边的节流阀经先导电磁阀的 B′口和 T′口，再从主阀的 T 口或外接油口流回油箱（主阀阀芯的移动速度可由右边的节流阀调节），使主阀 P 与 A、B 和 T 的油路相通；反之，由先导电磁阀右边的电磁铁通电，可使 P 与 B、A 与 T 的油路相通；当先导电磁阀的两个电磁铁均不带电时，先导电磁阀阀芯在其对中弹簧作用下回到中位，此时来自主阀 P 口或外接油口的控制压力油不再进入主阀芯的左、右两容腔，主阀芯左右两腔的油液通过先导电磁阀中间位置的 A′、B′两油口与先导电磁阀 T′口相通 ［图 5-8（b）］，再从主阀的 T 口或外接油口流回油箱。主阀阀芯在两端对中弹簧预压力的推动下，依靠阀体定位，准确地回到中位，此时主阀的 P、

A、B 和 T 油口均不通。

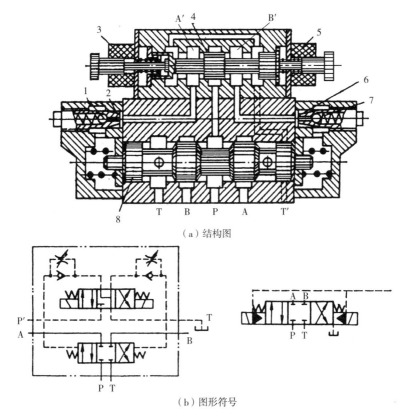

（a）结构图

（b）图形符号

图 5-8　电液换向阀

1，6—节流阀　2，7—单向阀　3，5—电磁铁　4—电磁阀阀芯　8—主阀阀芯

5.2.2.4　换向阀的中位机能

三位换向阀的阀芯在中间位置时，各通口间有不同的连通方式，可满足不同的使用要求，这种连通方式称为换向阀的中位机能。三位换向阀的中位机能见表 5-3。

表 5-3　三位换向阀的中位机能

滑阀机能	中位时的滑阀状态	中位符号		中位时的性能特点
		三位四通	三位五通	
O	T(T₁)　A　P　B　T(T₂)	A B P T	A B T₁ P T₂	各油口全部关闭，系统保持压力，执行元件各油口封闭

滑阀机能	中位时的滑阀状态	中位符号		中位时的性能特点
		三位四通	三位五通	
H	T(T₁) A P B T(T₂)	A B / P T	A B / T₁ P T₂	各油口 P、T、A、B 全部连通，泵卸荷，执行元件两腔与回油连通
Y	T(T₁) A P B T(T₂)	A B / P T	A B / T₁ P T₂	A、B、T 口连通，P 口保持压力，执行元件两腔与回油连通
J	T(T₁) A P B T(T₂)	A B / P T	A B / T₁ P T₂	P 口保持压力，缸 A 口封闭，B 口与回油口 T 连通
C	T(T₁) A P B T(T₂)	A B / P T	A B / T₁ P T₂	执行元件 A 口通压力油，B 口与回油口 T 不通
P	T(T₁) A P B T(T₂)	A B / P T	A B / T₁ P T₂	P 口与 A、B 口都连通，回油口 T 封闭
K	T(T₁) A P B T(T₂)	A B / P T	A B / T₁ P T₂	P、A、T 口连通，泵卸荷，执行元件 B 口封闭
X	T(T₁) A P B T(T₂)	A B / P T	A B / T₁ P T₂	P、T、A、B 口半开启接通，P 口保持一定压力
M	T(T₁) A P B T(T₂)	A B / P T	A B / T₁ P T₂	P、T 口连通，泵卸荷，执行元件 A、B 两油口都封闭口

续表

滑阀机能	中位时的滑阀状态	中位符号		中位时的性能特点
		三位四通	三位五通	
U		A B P T	A B T₁ P T₂	A、B 口接通，P、T 口封闭，缸两腔连通，P 口保持压力

中位机能不仅直接影响液压系统的工作性能，而且在换向阀由中位向左位或右位转换时对液压系统的工作性能也有影响。因此，在使用时应合理选择阀的中位机能。三位阀中位机能的选用原则为：

①当系统有卸荷要求时，应选用油口 P 与 T 畅通的形式，如 H、K、M 型，这时液压泵可卸荷。

②当系统有保压要求时，可选用油口 P 是封闭式的中位机能，如 O、Y、J、U、N 型，这时一个油泵可用于多缸的液压系统，或者选用油口 P 和油口 T 接通但不畅通的形式，如 X 型中位机能。这时系统能保持一定压力，可供压力要求不高的控制油路使用。

③当液压系统对换向精度要求高时，应选用工作油口 A、B 都封闭的形式，如 O、M 型，这时液压缸的换向精度高，但换向过程中易产生液压冲击，换向平稳性差。

④当系统对换向平稳性要求高时，应选用 A 口、B 口都接通 O 口的形式，如 Y 型，这时换向平稳性好，冲击小，但换向过程中执行元件不易制动，换向精度低。

⑤当系统要求执行元件能浮动时，应选用 A、B 相连通的形式，如 U 型，这时通过某些机械装置按要求改变执行元件的位置（立式液压缸除外）。当要求执行元件能在任意位置上停留时，应选用 A、B 油口都与 P 口相通的形式（差动液压缸除外），如 P 型，这时液压缸左右两腔作用力相等，液压缸不动。

5.2.2.5　换向阀的性能

（1）换向可靠性

换向阀的换向可靠性包括：

①换向信号发出后，阀芯能灵敏地移动到预定的工作位置。

②换向信号撤出后，阀芯能在弹簧力的作用下自动恢复到常态位。

换向阀换向需要克服的阻力包括摩擦力、液动力及弹簧力。其中摩擦力与压力有关，液动力除与压力、通流量之外，还与阀的中位机能有关。

（2）压力损失

换向阀的压力损失包括阀口压力损失和流道压力损失。当阀体为铸造流道且流道形状接近于流线时，流道损失可降到最小。对电磁阀换向阀，因电磁铁行程短，阀口开度较小，阀口流速较快，故阀口压力损失较大。

（3）内泄漏量

滑阀式换向阀为间隙密封，内泄露不可避免。一般应尽可能减小阀芯与阀体孔的径向间隙，并保证其同心，同时阀芯台肩与阀体孔有足够的封油长度。在间隙和封油长度一定时，内泄露随工作压力的升高而增大。过大的内泄漏量不仅会降低系统的效率，引起局部过热，而且会影响执行机构的正常工作。

（4）换向、复位时间及换向频率

换向时间指从电磁铁通电到阀芯换向终止的时间；复位时间指从电磁铁断电到阀芯回复到初始位置的时间。减小换向和复位时间可提高机构的工作效率，但会引起液压冲击。交流电磁阀的换向时间一般为 0.03~0.05s，换向冲击较大；而直流电磁阀的换向时间为 0.1~0.3s，换向冲击较小。通常复位时间比换向时间稍长。

换向频率是在单位时间内换向阀所允许的换向次数，单电磁铁电磁阀的换向频率一般为 60 次/min，双电磁铁电磁阀的换向频率是单电磁铁电磁阀的两倍。

（5）使用寿命

使用寿命是指使用到电磁阀某一零件损坏，不能进行正常的换向或复位动作，或使用到电磁阀的主要性能指标超过规定指标时所经历的换向次数。电磁阀的使用寿命主要取决于电磁铁。湿式电磁铁的寿命比干式的长，直流电磁铁的寿命比交流的长。

（6）滑阀的液压卡紧现象

一般滑阀的阀孔和阀芯之间有很小的间隙，当缝隙均匀且缝隙中有油液时，移动阀芯所需的力只需克服黏性摩擦力，数值是相当小的。但在实际使用中，特别是在中、高压系统中，当阀芯停止运动一段时间后，这个阻力可以大到几百牛顿，使阀芯很难重新移动，这就是液压卡紧现象。

液压卡紧的成因有以下三点：

①脏物进入缝隙而使阀芯移动困难；

②缝隙过小在油温升高时阀芯膨胀而卡死；

③滑阀副几何形状误差和同心度变化所引起的径向不平衡液压力，其中径向不平衡力是主要因素。

如图 5-9（a）所示，当阀芯和阀体孔之间无几何形状误差，且轴心线平行但不重合时，阀芯周围间隙内的压力分布是线性的（如图 A_1 和 A_2 线所示），且各向相等，阀芯上不会出现不平衡的径向力；当阀芯因加工误差而带有倒锥（锥部大端朝向高压腔）

且轴心线平行而不重合时，阀芯周围间隙内的压力分布如图 5-9（b）中曲线 A_1 和 A_2 所示，这时阀芯将受到径向不平衡力（图中阴影部分）的作用而使偏心距越来越大，直到两者表面接触为止，这时径向不平衡力达到最大值；但是，如阀芯带有顺锥（锥部大端朝向低压腔）时，产生的径向不平衡力将使阀芯和阀孔间的偏心距减小；图 5-9（c）所示为阀芯表面有局部凸起（相当于阀芯碰伤、残留毛刺或缝隙中楔入脏物时，阀芯受到的径向不平衡力将使阀芯的凸起部分推向孔壁）。

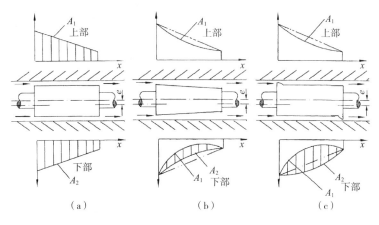

图 5-9　滑阀上的径向力

当阀芯受到径向不平衡力作用而和阀孔相接触后，缝隙中存留液体被挤出，阀芯和阀孔间的摩擦变成半干摩擦乃至干摩擦，因而使阀芯重新移动时所需的力增大了许多。

滑阀的液压卡紧现象不仅在换向阀中存在，其他的液压阀也普遍存在，尤其在高压系统中更为突出，特别是滑阀的停留时间越长，液压卡紧力越大，以致造成移动滑阀的推力不能克服卡紧阻力，使滑阀不能复位。

为了减小径向不平衡力，应严格控制阀芯和阀孔的制造精度，在装配时，尽可能使其成为顺锥形式，另外在阀芯上开环形均压槽，也可以大幅减小径向不平衡力。

5.3　压力控制阀

压力控制阀是用来控制液压系统中油液压力或通过压力信号实现控制，压力阀是以调压弹簧为负载，并通过阀芯位移与阀所控制的压力相比较。根据对阀控制压力的要求不同，压力阀可分为溢流阀、减压阀、顺序阀及压力继电器等。为了保证控制压力与调压弹簧力的对应关系，结构上应保证阀芯的调压弹簧端油液压力为零。

5.3.1 溢流阀

溢流阀按其结构形式可分为直动式和先导式，并联在液压泵的出油口，以保证系统压力恒定或限制其最高压力，也可并联在执行元件的进口处，对执行元件起安全保护作用。

5.3.1.1 结构与工作原理

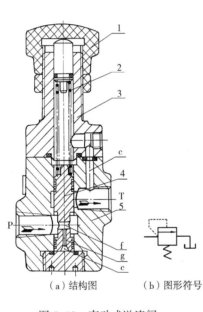

（a）结构图　（b）图形符号

图5-10　直动式溢流阀

1—螺帽　2—调压弹簧　3—上盖
4—阀芯　5—阀体

（1）直动式溢流阀

直动式溢流阀是依靠系统中的油液压力直接作用在阀芯上与弹簧力等相平衡，以控制阀芯的启闭动作。直动式溢流阀如图5-10所示，P为进油口，T为回油口，常态下，阀芯在弹簧2的作用下与阀座紧密贴合，将进出油口隔开。进口压力油经阀芯4中间的阻尼孔g作用在阀芯的底部端面上，当进油压力在阀芯的作用面积上产生的作用力大于或等于弹簧力F_s时，阀芯向上移动，阀口被打开，油液流回油箱实现溢流，溢流阀进口处的油液压力为p。阀芯上的阻尼孔g用来对阀芯的动作产生阻尼，以提高阀的工作平衡性，调整螺帽1可以改变弹簧力。图5-10（b）所示为直动式溢流阀的图形符号。

当溢流阀稳定工作时，阀芯上受力平衡关系如下：

$$pA_g = F_s + F_{bs} + G \pm F_f \tag{5-1}$$

式中：p为进油口油液压力；A_g为阀芯承受油液压力的面积；F_s为弹簧的压紧力；F_{bs}为稳态轴向液动力；G为阀芯的自重；F_f为摩擦力。

若忽略液动力、阀芯的自重和摩擦力，则式（5-1）为：

$$pA_g = F_s \tag{5-2}$$

由式（5-2）可知，弹簧力的大小与控制压力成正比，调节弹簧的预压缩量可以改变阀口的开启压力，进而调节控制阀的进口压力，因此该弹簧称为调压弹簧。

溢流阀是利用被控压力作为信号来改变弹簧的压缩量，从而改变阀口的通流面积和系统的溢流量来达到定压目的。当系统压力升高时，阀芯上升，阀口通流面积增大，溢流量增大，进而使系统压力下降。溢流阀内部通过阀芯的平衡和运动构成的这种负反馈作用是其定压作用的基本原理，也是所有定压阀的基本工作原理。

直动式溢流阀因油液压力直接与弹簧力相平衡而工作，若压力较高、流量较大，则要求调压弹簧具有很大的弹簧力，这不仅使调节性能变差，结构上也难以实现。所以直动式溢流阀一般只用于小于2.5MPa的低压小流量的场合。

（2）先导式溢流阀

先导式溢流阀由先导阀和主阀两部分组成，图5-11为YF型三级同心先导式溢流阀，由先导阀和主阀组成，先导阀为锥阀，实际上是一个小流量的直动式溢流阀，主阀也为锥阀。图中主阀芯6有三处分别与阀盖3、阀体4和主阀座7有同心配合要求，故称为三级同心式。

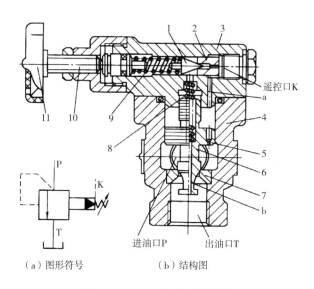

（a）图形符号　　　　　（b）结构图

图5-11　YF型先导式溢流阀

1—先导锥阀　2—先导阀座　3—阀盖　4—阀体　5—阻尼孔　6—主阀芯
7—主阀座　8—主阀弹簧　9—调压弹簧　10—调节螺钉　11—调节手轮

先导式溢流阀在常态下主阀阀芯及先导锥阀均被弹簧压靠在阀座上，阀口处于关闭状态。当主阀进口压力为 p 时，压力油除直接作用在主阀芯的上、下两腔作用面积 A 外，还分别经过主阀芯上的阻尼孔5引到先导锥阀前腔，对先导锥阀阀芯形成一个液压力 F_x。若液压力 F_x 小于先导阀芯左端弹簧力 F_s 时，先导阀关闭，主阀内腔为密闭静止容腔，阻尼孔5中无液流流过，主阀阀芯上下两腔压力相等。主阀弹簧弹簧力 F_{S1} 作用将主阀芯紧压在阀座孔7上，主阀阀口关闭。随着溢流阀的进口压力 p 增大，作用在先导阀芯上的液压力 F_x 也随之增大，当 $F_x \geq F_s$ 时，先导阀阀口开启，压力油经主阀芯上的阻尼孔 5，阀盖上的流道 a、先导阀阀口、主阀阀芯中心泄油孔 b 流回油箱。由于液流通过阻尼孔 5 时将在两端产生压力差，使主阀上腔压力 p_1（先导阀前腔压力）低于主阀下腔压力 p（主阀进口压力）。当压差（$p-p_1$）足够大时，因压差形成向上的液压力，克服主阀阀芯弹簧力，推动主阀阀芯上移，开启主阀阀口，油液从 P 口流入，经主阀阀口由 T 流回油箱，实现溢流。阀口开度一定时，先导阀阀芯和主阀阀芯均处于受力平衡，阀口满足压力流量方程，主阀进口压力为一定值。

主阀阀芯受力平衡为：

$$\Delta p = p - p_1 = \frac{F_{S1} + G}{A} \tag{5-3}$$

式中：G 为主阀芯重量。

先导式溢流阀的进口控制压力是通过先导阀阀芯和主阀阀芯两次比较得到的，压力值主要由先导阀调压弹簧的预压缩量确定，流经先导阀的流量很小，仅占主阀额定流量的 1%，且先导阀阀座孔直径很小，即使是高压阀，先导阀弹簧刚度也不是很大，因此阀的调节性能得到了很大改善。溢流流量的大部分经主阀阀口流回油箱，主阀弹簧只在阀口关闭时起到复位作用，弹簧力很小。

先导式溢流阀前腔有一远程控制口 K，如果将 K 用油管接到另一远程调压阀（远程调压阀的结构和溢流阀的先导控制部分相同），可实现远程调压；当远程控制口 K 通过电磁换向阀可构成电磁溢流阀；当远程控制口 K 接通油箱时，主阀芯上端的压力接近于零，主阀芯上移到最高位置，阀口打开，系统的油液通过溢流阀流回油箱，实现卸荷。

5.3.1.2　溢流阀的性能

（1）调压范围

压力调节范围是指调压弹簧在规定的范围内调节时，系统压力能平稳地上升或下降，且压力无突跳及迟滞现象时的最大和最小调定压力。溢流阀的最大允许流量为其额定流量，在额定流量下工作时，溢流阀应无噪声、溢流阀的最小稳定流量取决于它的压力平稳性要求，一般规定为额定流量的 15%。

（2）启闭特性

启闭特性是指溢流阀在稳态情况下从开启到闭合的过程中，被控压力与通过溢流阀的溢流量之间的关系。它是衡量溢流阀定压精度的一个重要指标。一般用溢流阀处于额定流量、调定压力 p_s 时，开始溢流的开启压力 p_k 及停止溢流的闭合压力 p_b 分别与 p_s 的百分比来衡量，前者称为开启比 n_k，后者称为闭合比 n_b，则有：

$$n_k = \frac{p_k}{p_s} \times 100\% \qquad (5-4)$$

$$n_b = \frac{p_b}{p_s} \times 100\% \qquad (5-5)$$

式中：p_s 可以是溢流阀调压范围内的任何一个值，显然上述两个百分比越大，则两者越接近，溢流阀的启闭特性就越好，一般应使 $n_k \geqslant 90\%$，$n_b \geqslant 85\%$，直动式和先导式溢流阀的启闭特性曲线如图 5-12 所示。

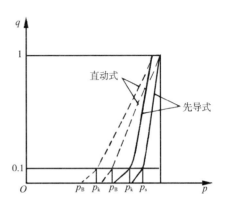

图 5-12　溢流阀的启闭特性曲线

（3）压力损失和卸荷压力

当调压弹簧的预压缩量为零，流经阀的流量为额定流量时，溢流阀的进口压力称为压力损失；当溢流阀的远程控制口 K 与油箱相连时，额定流量下的压力损失称为卸荷压力。这两种工况下，溢流阀进口压力因只需克服主阀复位弹簧力和阀口液动力，其值很小，一般小于 0.5MPa。

（4）压力超调量

当溢流阀在溢流量发生由零至额定流量的阶跃变化时，溢流阀的进口压力将迅速升高并超过额定压力的调定值，然后逐步衰减到最终稳定压力，从而完成其动态过渡过程，如图 5-13 所示。

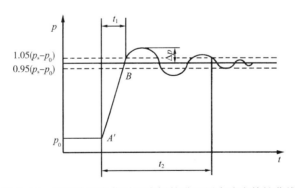

图 5-13　流量阶跃变化时溢流阀的进口压力响应特性曲线

定义最高瞬时压力峰值与额定压力调定值 p_s 的差值为压力超调量 Δp，则压力超调率 $\Delta \bar{p}$ 为：

$$\Delta \bar{p} = \frac{\Delta p}{p_s} \times 100\% \qquad (5-6)$$

它是衡量溢流阀动态定压误差的一个性能指标。一个性能良好的溢流阀，其 $\overline{\Delta p} \leqslant$ 10%~30%。图5-13中 t_1 称为响应时间；t_2 称为过渡过程时间。显然，t_1 越小，溢流阀的响应越快；t_2 越小，溢流阀的动态过渡过程时间越短。

5.3.1.3 溢流阀的作用

溢流阀通常并联在液压泵的出口处，用来保证液压泵的出口压力恒定或限制系统压力的最大值，前者称为定压阀，主要用于定量泵的进油和回油节流调速系统如图5-14（a）所示；后者称为安全阀，对系统起保护作用如图5-14（b）所示；有时也并联在执行元件的进口处，限制执行元件的最高工作压力；电磁溢流阀除了完成溢流阀的功能之外，还可以在执行元件不工作时使液压泵卸荷，如图5-14（c）所示。

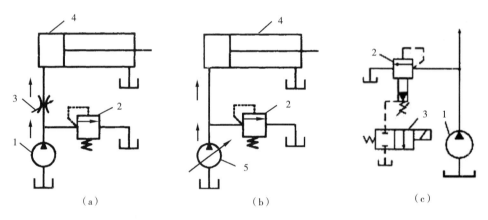

图5-14 溢流阀的作用

1—定量泵 2—溢流阀 3—节流阀 4—液压缸 5—变量

5.3.2 减压阀

减压阀是一种利用液流流过缝隙产生压力损失，使其出口压力低于进口压力的压力控制阀。按调节要求不同，减压阀可分为定压减压阀、定比减压阀和定差减压阀。定压减压阀用于控制出口压力为定值；定比减压阀用来控制它的进、出口压力保持调定不变的比例；定差减压阀则用来控制进、出口压力差为定值。

5.3.2.1 结构与工作原理

定值减压阀在结构上分为直动式减压阀和先导式减压阀。

（1）直动式减压阀

直动式减压阀如图5-15所示，P_1 口为进油口，P_2 口为出油口，阀不工作时，阀芯在弹簧作用下处于最小端位置，阀口常开，进、出油口是相通，此时减压阀不起减压作用。当出口压力增加，使作用在阀芯下端的压力大于弹簧力时，阀芯上移，阀口减小，阀处于工作状态。当忽略阀芯的自重、摩擦力且稳态液动力为 F_{bs} 时，阀芯上的受力平衡方程为：

$$p_2 = k_s(x_c + x_R) - F_{bs}/A_R \tag{5-7}$$

式中：p_2 为减压阀出口压力；k_s 为弹簧刚度；x_c 为当阀芯开口，$x_R = 0$ 时弹簧的预压缩量。

由于 $x_R \leqslant x_c$ 时，则有：

$$p_2 \approx k_s x_c/A_R = 常数 \tag{5-8}$$

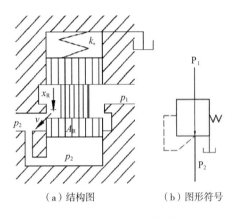

（a）结构图　　　（b）图形符号

图 5-15　直动式减压阀

作用在阀芯上的液压力与弹簧力相平衡，减压阀出口压力 p_2 维持在弹簧的调定值上。如果出口压力减小，阀芯在弹簧力作用下向下移动，阀口增大，阀口处的液阻减小，压降减小使出口压力回升到调定值；反之，如果出口压力增加，则阀芯上移，阀口减小，阀口处的液阻增大，压降增大，使出口压力降到调定值。图 5-15 为直动式减压阀的结构图及图形符号。

（2）先导式减压阀

先导式减压阀如图 5-16 所示，由先导阀锥阀 3 和主阀阀芯 7 构成。P_1 口为进油口，P_2 口为出油口，进口压力油经主阀阀口流至出口，出口压力油经阀体 6 下部和端盖 8 上的通道进入主阀阀芯 7 的下腔，再经主阀阀芯上的阻尼孔 9 进入主阀上腔和先导阀前端，然后通过锥阀座 4 中的阻尼孔后，作用在锥阀 3 上。当出口压力低于弹簧调定压力时，先导阀口关闭，阻尼孔 9 中没有油液流动，主阀阀芯上、下两端的油压力相等，主阀阀芯在弹簧力的作用下处于最下端位置，减压口全开，不起减压作用，即 $p_2 = p_1$。当出口压力超过调定压力时，出油口部分液体经阻尼孔 9、先导阀口、阀盖 5

上的泄油口 L 流回油箱。阻尼孔 9 有液体通过，使主阀上下腔产生压差（$p_2>p_3$），主阀阀芯在压差作用下克服弹簧力向上运动时，主阀上移，使阀口减小起减压作用。当阀口处于工作状态时，出口压力始终维持在调定值。调节弹簧的预压缩量可以调节阀的出口压力。

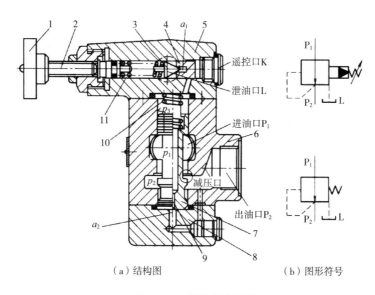

图 5-16　先导式减压阀

1—调压手轮　2—调节螺钉　3—锥阀　4—锥阀座　5—阀盖　6—阀体
7—主阀阀芯　8—端盖　9—阻尼孔　10—主阀弹簧　11—调压弹簧

减压阀由于其进、出口均有压力，故弹簧腔中的泄油需单独引回油箱。减压阀的出口压力还与出口的负载有关，若因负载建立的压力低于调定压力，则出口压力由负载决定，此时减压阀不起减压作用，进出口压力相等。当减压阀出口负载很大，以至于使减压阀出口油液不流动时，此时仍有少量油液通过减压阀口经先导阀至泄油口 L 流回油箱，阀处于工作状态，减压阀出口压力保持在调定压力值。

5.3.2.2　减压阀的功用与特点

减压阀的作用是在液压系统中获得压力低于系统压力的二次压力，使用一个油源能同时提供两个或几个不同压力的输出，如夹紧油路、润滑油路和控制油路等。

比较减压阀和溢流阀的工作原理和结构，将两者的差别如下：

①减压阀为出口压力控制，保证出口压力为定值；溢流阀为进口压力控制，保证进口处压力为定值。

②减压阀在不工作时，阀口常开，进、出油口相通；溢流阀阀口常闭，进、出油

口不通。

③为保证减压阀出口压力调定值恒定，它的导阀弹簧腔需通过泄油口单独外接油箱；溢流阀的出油口是通油箱的，所以它的导阀的弹簧腔和泄漏油可通过阀体上的通道和出油口相通，不必单独外接油箱。

④减压阀出口接工作回路，压力不等于零，先导阀弹簧腔的泄漏油需单独引回油箱；溢流阀的出口直接回油箱，因此先导阀弹簧腔的泄漏油经阀体内流道内泄至出口，不必单独外接油箱。

5.3.3　顺序阀

顺序阀的作用是利用油液压力作为控制信号来控制油路的通断，用来控制液压系统中各执行元件动作的先后顺序。

5.3.3.1　结构与工作原理

顺序阀也有直动式和先导式两种，前者用于低压系统，后者用于中高压系统。

直动式顺序阀如图 5-17 所示，顺序阀的阀芯通常为滑阀结构，P_1 为进油口，P_2

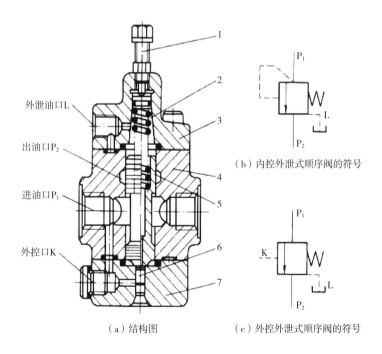

（a）结构图　　（c）外控外泄式顺序阀的符号

图 5-17　直动式顺序阀

1—调节螺钉　2—调压弹簧　3—端盖　4—阀体　5—阀芯　6—控制活塞　7—底盖

为出油口，外控口 K 用螺塞堵住，外泄油口 L 单独接回油箱。当压力油经进油口经过阀体 4 和阀盖 7 上的孔，进入控制活塞 6 的底部。当进油压力 p_1 低于调压弹簧 2 的预调压力时，阀芯 5 在弹簧力的作用下处于下端位置，阀口关闭，进、出油口不通；当压力 p_1 增至大于弹簧 2 的预调压力时，阀芯 5 克服弹簧力向上移动，阀口打开，将进、出油口接通，从而操纵另一个执行元件或其他元件动作。

由此可见，顺序阀和溢流阀的结构基本相似，不同之处在于顺序阀的出油口通向系统的另一压力油路，而溢流阀的出油口接油箱。此外，顺序阀由于其进、出口均有压力，故泄油口需单独引回油箱。

5.3.3.2 顺序阀的控制形式

顺序阀按控制压力的不同可分为内控式和外控式两种，内控式利用阀的进口压力控制阀芯的启闭，外控式利用外来的控制压力油控制阀芯的启闭。通过改变上盖或底盖的装配位置可以实现顺序动作的内控外泄、内控内泄、外控外泄、外控内泄四种类型，其图形符号如图 5-18 所示。

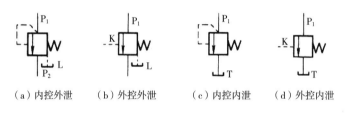

（a）内控外泄　　（b）外控外泄　　（c）内控内泄　　（d）外控内泄

图 5-18　顺序阀的控制形式

5.3.3.3 顺序阀的功用与特点

各种不同控制形式的顺序阀的特点为：

①内控外泄式顺序阀与溢流阀的相同之处是阀口常闭，由进口压力控制阀口的开启。区别是内控外泄式顺序阀的出口压力油去工作，当负载建立的出口压力高于阀的调定压力时，阀的进出口压力相等，作用在阀芯上的液压力大于液动力和弹簧力，阀口全开；当负载建立的出口压力低于阀的调定压力时，阀的进口压力等于调定压力，作用在阀芯上的液压力、液动力及弹簧力平衡，阀的开口一定，满足压力流量方程。因阀的出口压力不等于零，弹簧腔中的泄漏油需单独引回油箱。

②内控内泄式顺序阀的图形符号和工作原理与溢流阀相同，但使用时，内控内泄式顺序阀串联在液压系统的回油路使回油具有一定压力，而溢流阀则并联在主油路。因性能要求上的差异，两者不能混同使用。

③外控内泄式顺序阀在功能上等同于液动二位二通阀，且出口接油箱，作用在阀

芯上的液压力为外力，而且大于阀芯的弹簧力，工作时阀口全开，可用于双联泵中低压大流量泵的卸荷。

④外控外泄式顺序阀可作为液动开关阀。顺序阀多用于控制多个执行元件的顺序动作，如图 5-19 所示；顺序阀与单向阀组合成单向顺序阀，起平衡阀的作用，如图 5-20 所示。

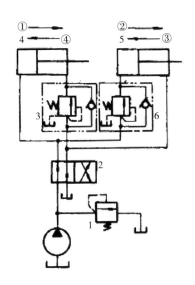

图 5-19　顺序阀的顺序回路

1—溢流阀　2—换向阀　3，6—顺序阀
4，5—液压缸

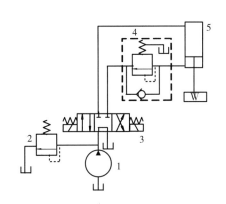

图 5-20　单向顺序阀

1—液压泵　2—溢流阀　3—换向阀
4—顺序阀　5—液压缸

5.3.4　压力继电器

压力继电器是一种将油液的压力信号转换成电信号的电液控制元件，当油液压力达到压力继电器的调定压力时，即发出电信号，以控制电磁铁、电磁离合器、继电器等元件动作，使油路卸压、换向、执行元件实现顺序动作，或关闭电动机，使系统停止工作，起安全保护作用等。

压力继电器按结构可分为柱塞式、弹簧管式和膜片式，图 5-21 所示为柱塞式压力继电器及其图形符号。当从压力继电

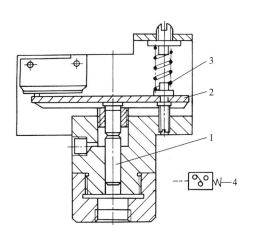

图 5-21　压力继电器

1—柱塞　2—杠杆　3—弹簧　4—开关

器下端进油口通入的油液压力达到调定压力值时,推动柱塞1上移,此位移通过杠杆2放大后推动开关4动作。改变弹簧3的压缩量即可以调节压力继电器的动作压力。

5.4 流量控制阀

流量控制阀是通过改变阀口大小,从而改变液阻实现流量调节的阀。流量控制阀可分为节流阀、调速阀、分流集流阀等。

5.4.1 流量控制原理及节流口形式

5.4.1.1 流量控制原理

由流体力学可知,孔口和缝隙作为液阻,其通用的压力流量方程为:

$$q = KA\Delta p^m \tag{5-9}$$

式中:K 为节流系数,一般为常数;A 为孔口或缝隙的通流截面积;Δp 为孔口或缝隙的前后压差;m 为由节流口形状决定的指数,$0.5 \leqslant m \leqslant 1$,薄壁孔口 $m = 0.5$,细长孔口 $m = 1$。

当 K、Δp 一定时,改变通流截面积 A,即改变液阻的大小,可以调节通流量,这就是流量控制阀的控制原理。孔口或缝隙称为节流口,式(5-9)称为节流方程,流量特性曲线如图5-22所示。

(1)压差对流量的影响

节流阀两端压差 Δp 变化时,通过它的流量要发生变化,由图5-22可知,通过薄壁小孔的流量受到压差改变的影响最小。

(2)温度对流量的影响

油温影响油液黏度,对于细长小孔,油温变化时,流量也会随之改变,对于薄壁小孔黏度对流量几乎没有影响,故油温变化时,流量基本不变。

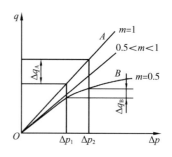

图5-22 节流阀特性曲线

(3)节流口的堵塞

节流阀的节流口可能因油液中的杂质或由于油液氧化后析出的胶质、沥青等而局部堵塞,这就改变了原来节流口通流面积的大小,使流量发生变化,尤其是当开口较小时,这一影响更为突出,严重时会完全堵塞而出现断流现象。因此节流口的抗堵塞性能也是影响流量稳定性的重要因素，尤其会影响流量阀的最小稳定流量。一般节流口通流面积越大，节流通道越短和水力直径越大，越不容易堵塞，当然油液的清洁度也对堵塞产生影响。一般流量控制阀的最小稳定流量为 0.05L/min。

5.4.1.2　节流口的结构形式

为保证流量稳定，节流口的形式以薄壁小孔较为理想。图 5-23 所示为几种常用的节流口结构形式，图 5-23（a）所示为针阀式节流口，它通道长，湿周大，易堵塞，流量受油温影响较大，一般用于对性能要求不高的场合；图 5-23（b）所示为偏心槽式节流口，其性能与针阀式节流口相同，但容易制造，其缺点是阀芯上的径向力不平衡，旋转阀芯时较费力，一般用于压力较低、流量较大和流量稳定性要求不高的场合；图 5-23（c）所示为轴向三角槽式节流口，其结构简单，水力直径中等，可得到较小的稳定流量，且调节范围较大，但节流通道有一定的长度，油温变化对流量有一定的影响，目前被广泛应用；图 5-23（d）所示为周向缝隙式节流口，沿阀芯周向开有一条宽度不等的狭槽，转动阀芯就可改变开口大小，阀口做成薄刃形，通道短，水力直径大，不易堵塞，油温变化对流量影响小，因此其性能接近于薄壁小孔，适用于低压小流量场合；图 5-23（e）所示为轴向缝隙式节流口，在阀孔的衬套上加工出图示薄壁阀口，阀芯做轴向移动即可改变开口大小，其性能与图 5-23（d）所示的节流口相似。

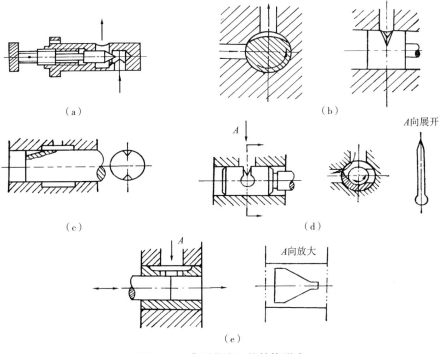

图 5-23　典型节流口的结构形式

5.4.2 节流阀

节流阀是一种最简单、最基本的流量控制阀，借助于控制机构使阀芯相对于阀体孔运动而改变阀口通流截面积的阀，常用在定量泵节流调速回路中实现调速。

5.4.2.1 结构与工作原理

普通节流阀的结构和图形符号如图 5-24 所示，节流口的结构形式为轴向三角槽式，对称布置，数量 $n \geqslant 2$。压力油从进油口 P_1 流入孔道 b 和阀芯 1 左端的三角槽进入孔道 a，再从出油口 P_2 流出。阀芯 1 右端开有小孔，使阀芯左右两端的液压力抵消掉一部分，因而调节力矩较小，便于在高压下进行调节。当调节节流阀的手柄 3 时，可通过推杆 2 推动阀芯 1 左右移动，阀芯的复位靠弹簧 4 来实现。通过阀芯左右移动改变节流口的通流截面面积，从而实现对流量的调节。

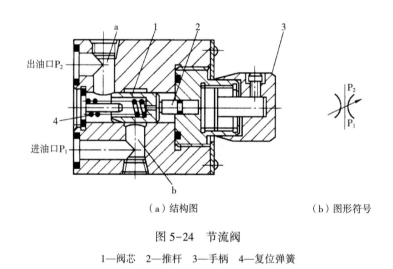

（a）结构图　　　　　　　　　（b）图形符号

图 5-24 节流阀

1—阀芯　2—推杆　3—手柄　4—复位弹簧

5.4.2.2 节流阀的刚性

节流阀的刚性表示它抵抗负载变化的干扰，保持流量稳定的能力，即当节流阀开口量不变时，由于阀前后压力差 Δp 的变化，引起通过节流阀的流量发生变化的情况。一般定义节流阀通流截面面积 A 一定时，节流阀前后压差 Δp 的变化量与流经阀的流量变化量之比为节流阀的刚性 T，即：

$$T = \frac{\partial \Delta p}{\partial q} = \frac{\Delta p^{1-m}}{KAm} \tag{5-10}$$

节流阀的刚性 T 越大，节流阀的性能越好。

①阀前后压力差 Δp 相同时，节流开口小时，刚度大。

②在节流开口一定时，阀前后压力差 Δp 越大，刚度越大，但 Δp 过大，不仅造成压力损失的增大，而且可能导致阀口因面积太小而堵塞，因此一般 Δp 为 0.15~0.4MPa。

③指数 m 越小可以提高节流阀的刚度，因此在实际使用中多采用薄壁小孔式节流口，即 $m=0.5$ 的节流口。

5.4.3　调速阀

普通节流阀由于刚性差，在节流开口一定时通过的流量受负载变化的影响，不能保持执行元件运动速度的稳定，因此只适用于工作负载变化不大和速度稳定性要求不高的场合。为了解决负载变化大的执行元件的速度稳定性问题，应采取措施保证负载变化时，使节流阀前后的压差 Δp 为常量，这就是调速阀的基本原理。

调速阀如图 5-25 所示，在节流阀 2 前面串接一个定差式减压阀 1 组合而成。液压泵的出口（调速阀的进口）压力 p_1 由溢流阀调整基本不变，调速阀的出口压力 p_3 则由液压缸负载 F 决定。油液先经减压阀产生一次压力降，将压力降到 p_2，p_2 经通道 e、f

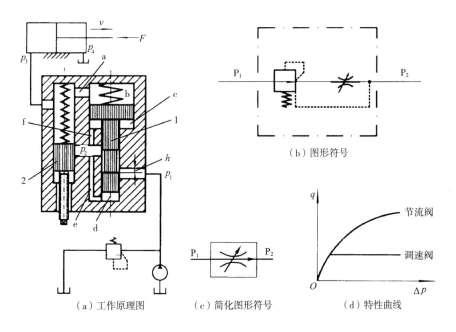

（a）工作原理图　　（b）图形符号
（c）简化图形符号　　（d）特性曲线

图 5-25　调速阀

1—减压阀　2—节流阀

作用到减压阀的 d 腔和 c 腔；节流阀的出口压力 p_3 又经反馈通道 a 作用到减压阀的上腔 b，当减压阀的阀芯在弹簧力 F_s、液压力 p_2 和 p_3 作用下处于某一平衡位置时（忽略摩擦力和液动力），则有：

$$p_2A_1 + p_2A_2 = p_3A + F_s \tag{5-11}$$

式中：A、A_1 和 A_2 分别为 b 腔、c 腔和 d 腔内的压力油作用于阀芯的有效面积，且 $A = A_1 + A_2$。

则式（5-11）可表示为：

$$p_2 - p_3 = \Delta p = F_s/A \tag{5-12}$$

因为弹簧刚度较小，且工作过程中减压阀阀芯位移很小，可以认为 F_s 基本保持不变。故节流阀前后压差 $\Delta p = p_2 - p_3$ 也基本保持不变，这就保证了通过节流阀的流量稳定。

当调速阀出口处的油液压力 p_3 由于负载增加而增加时，作用在减压阀芯上端的液压力也随之增加，阀芯失去平衡而向下移动，于是开口 h 增大，液阻减小（即减压阀的减压作用减小），使 p_2 也增加，直到阀芯在新的位置上达到平衡为止。故当 p_3 增加时，p_2 也增加，节流阀前后压差 $\Delta p = p_2 - p_3$ 保持不变，反之亦然。由此可知，由于定差减压阀的压力补偿作用，使通过调速阀的流量恒定不变，活塞的运动速度稳定，不受负载变化的影响。

由图 5-25（d）可以看出，节流阀的流量随压力差变化较大，而调速阀在压力差大于一定数值后，流量基本上保持恒定。当压力差很小时，由于减压阀阀芯被弹簧推至最下端，减压阀阀口全开，不起稳定节流前后压力差的作用，故这时调速阀的性能与节流阀的相同，所以调速阀正常工作时，至少要求有 0.5MPa 以上的压力差。

5.5 叠加阀和插装阀

5.5.1 叠加阀

叠加式液压阀简称叠加阀，如图 5-26 所示为叠加式溢流阀，是集成式液压元件，采用这种阀组成液压系统时，不需要另外的连接块，它以自身的阀体作为连接体直接叠合而成。

叠加阀的工作原理与一般液压阀基本相同，但在具体结构和连接尺寸上则不相同，它自成系列，每个叠加阀既有一般液压元件的控制功能，又起到通道体的作用，一种通径系列的叠加阀其主油路通道和螺栓连接孔的位置都与所选用的相应通径的换向阀相同，同一通径的叠加阀也就能按要求叠加起来组成各种不同控制功能的系统。

叠加阀组成的液压系统具有以下特点：

①用叠加阀组成的液压系统，结构紧凑，体积小、重量轻。

②叠加阀液压系统安装简便，装配周期短。

③液压系统如有变化，改变工况，需要增减元件时，组装方便迅速。

④元件之间无管道连接，消除了因油管、管接头等引起的泄漏、振动和噪声。

⑤整个系统配置灵活，外观整齐，维护保养容易。

⑥标准化、通用化和集成化程度较高。

我国叠加阀现有 6mm、10mm、16mm、20mm、32mm 五个通径系列，额定工作压力为 20MPa，额定流量为 10~200L/min。

叠加阀的分类与一般液压阀相同，它同样分为压力控制阀、流量控制阀和方向控制阀三大类。

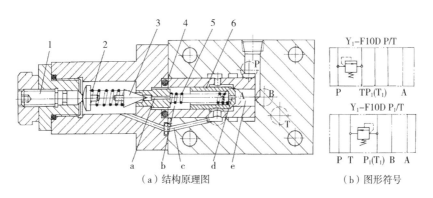

图 5-26　叠加式溢流阀

1—推杆　2，5—弹簧　3—锥阀　4—阀座　6—主阀芯

5.5.2　插装阀

插装阀在高压大流量的液压系统中应用广泛，由于插装式元件已标准化，将几个插装式元件组合在一起便可组成复合阀。与普通液压阀相比较，具有如下优点：

①通流能力大，特别适用于大流量的场合，它的最大通径可达 200~250mm，通过的流量可达 10000L/min。

②阀芯动作灵敏、抗堵塞能力强。

③密封性好，泄漏少，油液流经阀口压力损失小。

④结构简单，易于实现标准化。

5.5.2.1 工作原理及基本组件

插装阀基本组件如图 5-27 所示，由阀芯、阀套、弹簧和密封圈组成，根据其用途不同可分为方向阀组件、压力阀组件、流量阀组件，三种组件均有两个主油口 A 和 B 及一个控制油口 X。

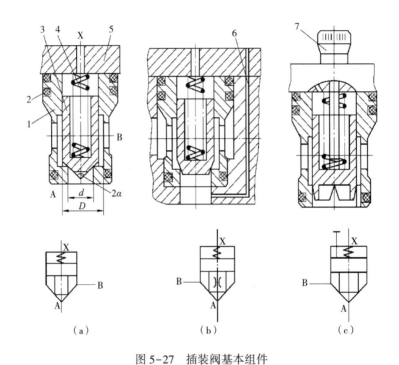

图 5-27　插装阀基本组件

1—阀套　2—密封圈　3—阀芯　4—弹簧　5—盖板　6—阻尼孔　7—阀芯行程调节杆

设阀芯直径为 D、阀座孔直径为 d，则油口 A、B、X 的作用面积 A_A、A_B、A_X 分别为：

$$A_A = \frac{\pi d^2}{4}$$

$$A_B = \frac{\pi(D^2 - d^2)}{4}$$

$$A_X = \frac{\pi D^2}{4} \tag{5-13}$$

面积比为：

$$a_{AX} = A_X / A_A$$

$$a_{BX} = A_X/A_B \tag{5-14}$$

方向阀组件的阀芯半锥角为 45°，面积比为 2，即油口 A 和 B 的作用面积相等，油口 A 和 B 可双向流动。

压力阀组件中减压阀阀芯为滑阀，即面积比为 1，油口 B 进油，油口 A 出油；溢流阀和顺序阀的阀芯半锥角为 15°，面积比为 1.1，油口 A 为进油口，油口 B 为出油口。

流量阀组件面积比为 1 或 1.1，一般 A 口为进油口，B 口为出油口。

因插装阀组件有两个进出油口，因此称为二通插装阀。若油口 A、B、X 的油液压力和有效面积分别为 p_a、p_b、p_x 和 A_a、A_b、A_x，阀芯上的复位弹簧力为 F_s，则工作时阀口开启或关闭取决于阀芯的受力状况，当 $p_aA_a + p_bA_b < p_xA_x + F_s$ 时，阀口关闭，油口 A、B 不通；当 $p_aA_a + p_bA_b > p_xA_x + F_s$ 时，阀口开启。

改变控制口 X 的油液压力 P_x，可以控制 A、B 油口的通断。如油口 X 通油箱，则 $P_x = 0$，阀口开启；如油口 X 与进口相同，则 $P_x = P_A$ 或 $P_x = P_B$，阀口关闭。改变油口 X 通油方式的阀称为先导阀。

5.5.2.2　先导阀与盖板

先导阀通过盖板安装在阀块上，并经盖板上的油道来控制插装阀组件控制口 X 的通油方式，从而控制阀口的开启和关闭。其中方向阀组件中的先导阀可以是电磁滑阀，也可以是电磁球阀。压力阀组件中的先导阀包括压力先导阀、电磁滑阀等，其控制原理与普通溢流阀完全相同。流量阀组件中的先导阀除使用电磁滑阀外，还需在盖板上装阀芯行程调节杆，以限制、调节阀口开度大小，即改变阀口通流面积。

5.5.2.3　典型插装阀的应用

（1）插装阀作单向阀

将方向阀组件的控制油口 X 通过阀块和盖板上的通道与油口 A 或 B 直接沟通，可组成单向阀。其中图 5-28（b）所示结构，反向（A→B）关闭时，控制腔的压力油可能经过阀芯上端与阀套孔之间的环形间隙，向油口 B 泄漏。

（2）插装阀作二位二通阀

插装阀式二位二通阀如图 5-29 所示，由二位三通先导电磁滑阀控制方向阀组件控制口的通油方式。图 5-29（a）所示，电磁铁失电时，控制腔 X 通过二位三通阀的常位通油箱 $P_x = 0$，因此，无论 A 口来油，还是 B 口来油均可将阀口开启通油。电磁铁得电，二位三通阀右位工作，控制口 X 与油口 A 接通，从 B 口来油可顶开阀芯通油，而 A 口来油则阀口关闭，相当于 B→A 的单向阀。与图 5-29（a）不同，图 5-29（b）所示结构在二位三通阀处于右位工作时，因梭阀的作用，控制口 X 的压力始终为 A、B 两油口中压力较高者。因此，无论是 A 口来油，还是 B 口来油，阀口均处于关闭状态，油口 A 与 B 不通。

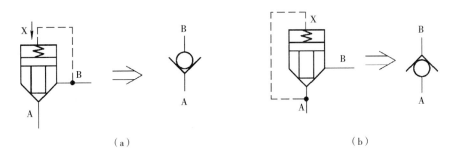

（a）   （b）

图 5-28　插装阀式单向阀

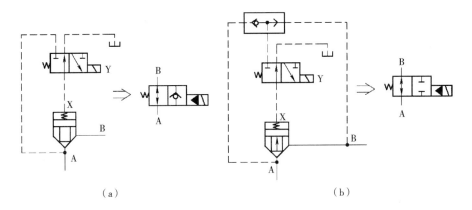

（a）   （b）

图 5-29　插装阀式二位二通阀

（3）插装阀作二位三通阀

插装阀式二位三通阀如图 5-30 所示，三通插装阀由两个方向阀组件并联而成，对外形成一个压力油口 P，一个工作油口 A 和一个回油口 T。两组件的控制腔的通油方式由一个二位四通电磁滑阀（先导阀）控制。在电磁铁 Y 失电时，二位四通阀左位（常位）工作，阀 1 的控制腔接回油箱，阀口开启；阀 2 的控制腔接压力油口 P，阀口关闭。于是油口 A 与 T 通，油口 P 不通。

（4）插装阀作四通阀

四通插装阀由两个三通阀并联而成。如图 5-31 所示，用四个二位三通电磁阀分别控制四个方向阀组件的开启和关闭，可以得到 12 种机能。实际应用最多的是一个三位四通电磁阀成组控制阀 1、阀 2、阀 3 和阀 4 的开启和关闭。

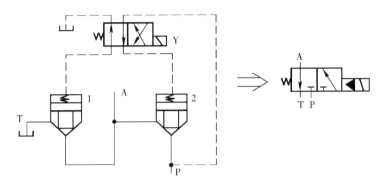

图 5-30　插装阀式二位三通阀

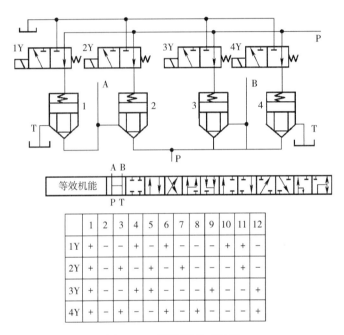

	1	2	3	4	5	6	7	8	9	10	11	12
1Y	+	−	−	+	−	+	−	−	−	+	+	−
2Y	+	−	+	−	+	−	+	−	−	−	+	−
3Y	+	−	−	+	+	−	−	−	+	+	−	−
4Y	+	−	+	−	−	+	−	−	+	−	−	+

图 5-31　插装阀式四通阀

5.6　电液伺服阀

　　电液伺服阀将电信号传递处理的灵活性和大功率液压系统控制相结合，可对大功率、快速响应的液压系统实现远距离控制、计算机控制和自动控制。同时它也是将小功率的电信号输入转换为大功率的液压能（压力和流量）输出，实现执行元件的位移、速度、加速度及力控制的一种装置。因而在现代工业生产中被广泛应用。

电液伺服阀根据输出液压信号的不同可分为流量伺服阀和压力伺服阀两类。

5.6.1 电液伺服阀的组成

电液伺服阀通常由电气—机械转换装置、液压放大器和反馈（平衡）机构三部分组成。

5.6.1.1 电气—机械转换装置

用来将输入的电信号转换为转角或直线位移输出，输出转角的装置称为力矩马达，输出直线位移的装置称为力马达。

5.6.1.2 液压放大器

液压放大器可接收小功率的电气—机械转换装置输入的转角或直线位移信号，对大功率的压力油进行调节和分配，实现液压油控制功率的转换和放大。

5.6.1.3 反馈（平衡）机构

反馈（平衡）机构是一种使电液伺服阀输出的流量或压力与输入电信号成比例的机构。

5.6.2 电液伺服阀的工作原理

喷嘴挡板式电液伺服阀的工作原理如图 5-32 所示，图中上半部分为力矩马达，下半部分为前置级（喷嘴挡板）和主滑阀。当无电流信号输入时，力矩马达无力矩输出，与衔铁 3 固定在一起的挡板 8 处于中位，主滑阀阀芯也处于中位（零位）。泵来油（压力为 p_s）进入主滑阀阀口 P，因阀芯两端台肩将阀口关闭，油液不能进入 A、B 口，但经固定节流孔 1 和 1′ 分别引到右喷嘴 7 和左喷嘴 7′，经喷射后，液流回油箱。由于挡板处于中位，两喷嘴与挡板的间隙相等（液阻相等），因此喷嘴前的压力 p_1 与 p_2 相等，主滑阀阀芯两端压力相等，阀芯处于中位。若向线圈输入电流，控制线圈产生磁通，衔铁上产生顺时针方向的磁力矩，使衔铁连同挡板一起绕弹簧管 6 中的支点顺时针方向偏转，左喷嘴 8 的间隙减小，右喷嘴 7 的间隙增大，即压力 p_1 增大，p_2 减小，主滑阀阀芯在两端压力差作用下向右运动，开启阀口，P 与 B 通，A 与 T 通。在主滑阀阀芯向右运动的同时，通过挡板下端的反馈弹簧杆 11 的反馈作用使挡板逆时针方向偏转，左喷嘴 8 的间隙增大，右喷嘴 7 的间隙减小，于是压力 p_1

减小，p_2 增大。当主滑阀阀芯向右移动到某一位置，由两端压力差（$p_1 - p_2$）形成的压力通过反馈弹簧杆作用在挡板上的力矩、喷嘴液流压力作用在挡板上的力矩以及弹簧管的反力矩之和与力矩马达产生的电磁力矩相等时，主滑阀阀芯受力平衡，稳定在一定的开口下工作。

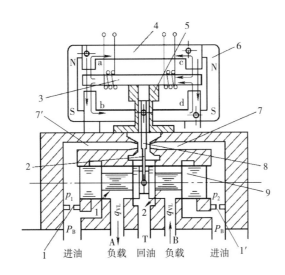

图 5-32　喷嘴挡板式电液伺服阀的工作原理

1，1′—节流孔　2—反馈杆　3—衔铁　4—导磁体　5—弹簧管　6—永久磁铁

7，7′—喷嘴　8—挡板　9—主阀

显然，改变输入电流大小，可成比例地调节电磁力矩，从而得到不同的主阀开口大小。若改变输入电流的方向，主滑阀阀芯反向移动，实现液流的反向控制。图中电液伺服阀的主滑阀阀芯的最终工作位置是通过挡板弹性反力反馈作用达到平衡的，因此称为力反馈式。除力反馈式外，还有位置反馈、负载流量反馈、负载压力反馈等。

5.6.3　液压放大器的结构形式

电液伺服阀的液压放大器常用的结构形式为滑阀、射流管和喷嘴挡板三种。

根据滑阀上控制边数（起控制作用的阀口数）的不同，有单边、双边和四边滑阀控制式三种类型。

图 5-33（a）所示为单边滑阀控制式，它有一个控制边。控制边的开口量 x_s 控制了液压缸中的油液压力和流量，从而改变了液压缸运动的速度和方向。

图 5-33（b）所示为双边滑阀控制式，它有两个控制边。压力油一路进入液压缸

左腔，另一路经滑阀控制边 x_{s1} 的开口和液压缸右腔相通，并经控制边 x_{s2} 的开口流回油箱。当滑阀移动时，x_{s1} 增大，x_{s2} 减小，或相反，这样就控制了液压缸右腔的回油阻力，因而改变了液压缸的运动速度和方向。

图 5-33（c）所示为四边滑阀控制式，它有四个控制边。x_{s1} 和 x_{s2} 是控制压力油进入液压缸左、右油腔的，x_{s3} 和 x_{s4} 是控制左、右油腔通向油箱的。当滑阀移动时，x_{s1} 和 x_{s4} 增大，x_{s2} 和 x_{s3} 减小，或相反，这样就控制了进入液压缸左、右腔的油液压力和流量，从而控制了液压缸的运动速度和方向。

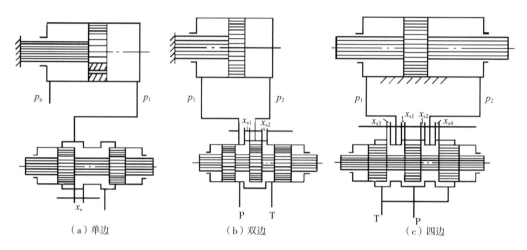

图 5-33　单边、双边和四边滑阀

由图 5-33 可见，单边、双边和四边滑阀的控制作用是相同的。单边式、双边式只用以控制单杆的液压缸；四边式既可用来控制双杆的，也可用来控制单杆的液压缸。控制边数多时控制质量好，但结构工艺性差。一般说来，四边式控制用于精度和稳定性要求较高的系统；单边式、双边式控制则用于一般精度的系统。滑阀式伺服阀装配精度要求较高，价格也较贵，对油液的污染也较敏感。

四边滑阀根据在平衡位置时阀口初始开口量的不同，可以分为三种类型：负预开口（正遮盖）、零开口和正预开口。

5.7　电液比例控制阀

电液比例阀是一种性能介于普通液压控制阀和电液伺服阀之间的新阀种，它既可以根据输入的电信号大小连续地、成比例地对液压系统的压力、流量及方向，实现远距离控制、计算机控制，又在制造成本、抗污染等方面优于电液伺服阀。但其控制性能和精度不如电液伺服阀，广泛应用于要求不是很高的液压系统中。

电液比例阀根据用途和工作特点可分为电液比例换向阀、电液比例流量阀和电液比例压力阀三类。

5.7.1 电液比例换向阀

电液比例换向阀一般由电液比例减压阀和液动换向阀组合而成，前者作为先导以其出口压力来控制液动换向阀的正反方向开口量的大小，从而控制液流的方向和流量的大小，电液比例换向阀的工作原理如图 5-34 所示，先导级电液比例减压阀由两个比例电磁铁 2、4 和阀芯 3 等组成。当输入电流信号给电磁铁 2 时，阀芯 3 被推向右移，供油压力 p 经右边阀口减压后，经通道 a、b 反馈至阀芯 3 的右端，与电磁铁 2 的电磁力相平衡。因而减压后的压力与供油压力大小无关，而只与输入电流信号的大小成比例。减压后的油液经通道 a、c 作用在换向阀阀芯 5 的右端，使阀芯 5 右移，打开 P 与 B 的连通阀口并压缩左端的弹簧，阀芯 5 的移动量与控制油压的大小成正比，即阀口的开口大小与输入电流信号成正比。如输入电流信号给比例电磁铁 4，则相应地打开 P 与 A 的连通阀口，通过阀口输出的流量与阀口开口大小以及阀口前后压差有关，即输出流量受到外界载荷大小的影响，当阀口前后压差不变时，则输出流量与输入的电流信号大小成比例。

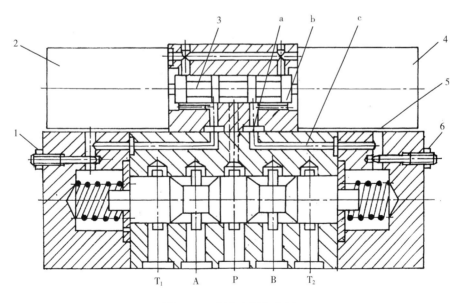

图 5-34 电液比例换向阀

1，6—螺钉 2，4—电磁铁 3，5—阀芯

液动换向阀的端盖上装有节流阀调节螺钉 1 和 6，可以根据需要分别调节换向阀的换向时间，此外，这种换向阀也和普通换向阀一样，可以具有不同的中位机能。

5.7.2 电液比例流量阀

普通电液比例流量阀是将本章第四节所介绍的流量阀的手调部分改换为比例电磁铁而成的。除此之外，现已发展了带内反馈的新型比例流量阀，下面介绍它们的结构和工作原理。

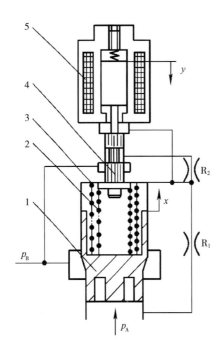

图 5-35 电液比例二通节流阀
1—比例电磁铁 2—先导滑阀阀芯
3—反馈弹簧 4—复位弹簧
5—主阀阀芯

位移—弹簧力反馈型电液比例二通节流阀如图 5-35 所示，主阀阀芯 5 为插装阀结构。当比例电磁铁输入一定的电流时，所产生的电磁吸力推动先导滑阀阀芯 2 下移，先导滑阀阀口开启，于是主阀进口的压力油（压力为 p_A）经阻尼 R_1 和 R_2、先导滑阀阀口流至主阀出口。因阻尼 R_1 的作用，R_1 前后出现压差，即主阀阀芯上腔压力低于主阀阀芯下腔压力，主阀阀芯在两端压差的作用下，克服弹簧力向上移动，主阀阀口开启，进、出油口连通。主阀阀芯向上移动导致反馈弹簧 3 反向受压缩，当反馈弹簧力与先导滑阀上端的电磁吸附力相等时，先导滑阀阀芯和主阀阀芯同时处于受力平衡，主阀阀口大小与输入电流大小成比例。改变输入电流大小，即可改变阀口大小，在系统中起节流调速作用。使用该阀时要注意的是，输入电流为零时，阀口是关闭的。

与普通电液比例流量阀不同，图 5-35 所示电液比例二通节流阀的比例电磁铁是通过控制先导滑阀的开口、改变主阀上腔压力来调节主阀开口大小的。在这里主阀的位移又经反馈弹簧作用到比例电磁铁上，由反馈弹簧力与比例电磁铁吸力进行比较。因此，不仅可以保证主阀位移（开口量）的控制精度，而且主阀的位移不受比例电磁铁行程限制，阀口开度可以设计得较大，即阀的通流能力较大。

5.7.3　电液比例压力阀

电液比例压力阀如图 5-36 所示，由阀芯 1、推杆 3、比例电磁铁 4 等构成，能够与普通溢流阀、减压阀、顺序阀的主阀组合构成电液比例溢流阀、电液比例减压阀和电液比例顺序阀。与普通压力先导阀不同，与阀芯上的液压力进行比较的不是弹簧力，而是比例电磁铁的电磁吸力。若改变输入电磁铁的电流大小，即可改变电磁吸力，从而改变先导阀的主阀上腔压力，对主阀进口或出口压力实现控制。

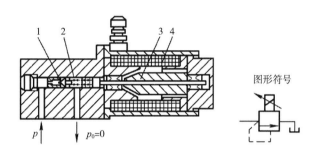

图 5-36　电液比例压力先导阀

1—阀芯　2—传力弹簧　3—推杆　4—比例电磁铁

5.8　电液数字阀

用数字信息直接控制阀口的开启和关闭，从而实现液流压力、流量、方向控制的液压控制阀，称为电液数字阀，简称数字阀。数字阀可直接与计算机接口，不需要 D/A 转换器。数字阀与伺服阀和比例阀相比，结构简单、工艺性好、价格低廉、抗污染能力强、工作稳定可靠、功耗小。在计算机实时控制的电液系统中，已部分取代比例阀或伺服阀，为计算机在液压领域的应用开拓了一个新的途径。

5.8.1　电液数字阀的工作原理与组成

对计算机而言，最普通的信号可量化为两个量级的信号，即"开"和"关"。用数字进行控制的方法很多，用得最多的是由脉数调制（PNM）演变而来的增量控制法以及脉宽调制（PWM）控制法。

增量控制数字阀采用步进电机—机械转换器，通过步进电动机，在脉数（PNM）信号的基础上，使每个采样周期的步数在前一个采样周期步数上增加或减少步数，以达到需要的幅值，由机械转换器输出位移控制液压阀阀口的开启和关闭。

脉宽调制式数字阀通过脉宽调制放大器将连续信号调制为脉冲信号并放大，然后输送给高速开关数字阀，以开启时间的长短来控制阀的开口大小。在需要做两个方向运动的系统中，要用两个数字阀分别控制不同方向的运动。

5.8.2　电液数字阀的结构

由步进电动机直接驱动的数字流量阀如图 5-37 所示，步进电动机 4 依计算机的指令转动，通过滚珠丝杠 5 把转角变为轴向位移，使节流阀阀芯 6 将阀口开启，从而控制了流量。这个阀有两个节流口，它们的面积梯度不同。阀芯移动时首先打开右边节流口，由于非全周界通流，故流量较小；继续移动时打开全周界通流的节流口，流量增大。在这里，由于液流从轴向流入，且流出时与轴线垂直，所以阀在开启时的液动力可以将向右作用的液压力部分抵消掉。这个阀从阀芯 6、阀套 1 和连杆 2 的相对热膨胀中获得温度补偿。

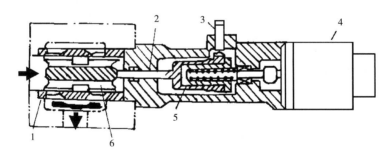

图 5-37　步进电动机直接驱动的数字流量阀
1—阀套　2—连杆　3—零位移传感器　4—步进电动机　5—滚珠丝杠　6—阀芯

习　　题

1. 液压阀是如何分类的？
2. 什么是换向阀的"位"和"通"？换向阀有几种控制方式？
3. 什么是三位滑阀的中位机能？
4. 现有两个压力阀，由于铭牌脱落，分不清哪个是溢流阀，哪个是减压阀，又不希望把阀拆开，如何根据其特点做出正确判断？

5. 哪些阀可以做背压阀用？单向阀做背压阀使用时，需要采取什么措施？

6. 节流阀与调速阀有何异同？分别用于什么场合？

7. 分析题图 5-1，回路中个溢流阀的调定压力分别为 $p_{Y1} = 3MPa$，$p_{Y2} = 2MPa$，$p_{Y3} = 4MPa$，当负载无穷大时，分析泵的出口压力各为多少？

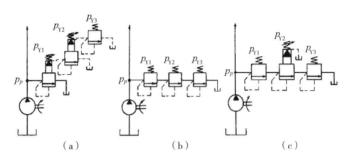

题图 5-1

8. 如题图 5-2 回路，其中溢流阀的调整压力为 5.0MPa、减压阀的调整压力为 2.5MPa。试分析下列三种情况下 A、B、C 点的压力值。

（1）当泵压力等于溢流阀的调定压力时，夹紧缸使工件夹紧后。

（2）当泵的压力由于工作缸快进，当压力降至 1.5MPa 时。

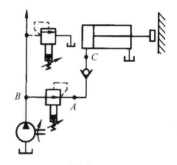

题图 5-2

（3）夹紧缸在夹紧工件前做空载运动时。

9. 如题图 5-3 回路，溢流阀的调定压力为 5MPa，减压阀的调定压力为 2.5MPa，液压缸无杆腔面积 $A = 50cm^2$，液流通过单向阀和非工作状态下的减压阀时忽略其压力损失，分析负载为 0 和 40kN 时，A、B、C 各点的压力值。

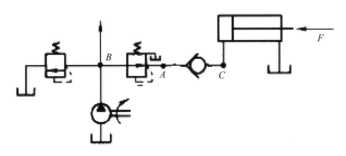

题图 5-3

10. 如题图 5-4 所示的两系统中溢流阀的调整压力分别为 $p_A = 4\text{MPa}$，$p_B = 3\text{MPa}$，$p_C = 2\text{MPa}$，当系统外负载为无穷大时，液压泵的出口压力各为多少？对题图 5-4（a）的系统，请说明溢流量是如何分配的。

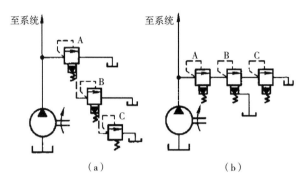

（a）　　　　　　　　　　（b）

题图 5-4

11. 如题图 5-5 所示的回路，顺序阀的调整压力 $p_X = 3\text{MPa}$，溢流阀的调整压力 $p_Y = 5\text{MPa}$，试问在下列情况下 A、B 点的压力为多少？

（1）液压缸运动，负载压力 $p_L = 4\text{MPa}$ 时。

（2）如负载压力 p_L 变为 1MPa 时。

（3）活塞运动到右端时。

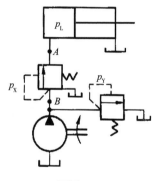

题图 5-5

12. 如题图 5-6 所示的两种回路，已知：液压泵流量 $q_p = 10\text{L/min}$，液压缸无杆腔面积 $A_1 = 50 \times 10^{-4}\text{m}^2$，有杆腔面积 $A_2 = 25 \times 10^{-4}\text{m}^2$，溢流阀调定压力 $p_Y = 2.4\text{MPa}$，负载 F_L 及节流阀通流面积 A_T 均已标在图上，试分别计算各回路中活塞的运动速度和液压泵的工作压力（设 $C_d = 0.62$，$\rho = 870\text{kg/m}^3$）。

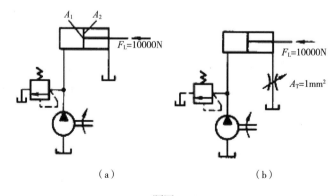

（a）　　　　　　　　　　（b）

题图 5-6

第6章

辅助装置

液压系统中的辅助装置，主要包括如蓄能器、滤油器、油箱、热交换器、管件、密封装置等，辅助装置的合理设计与选用，将在很大程度上影响液压系统的效率、噪声、温升、工作可靠性等技术性能。

6.1 蓄能器

6.1.1 蓄能器的分类与特点

蓄能器是液压系统中一种存储和释放油液压力能的装置，按存储能量的方式可分为弹簧加载式（弹簧式）和气体加载式（充气式）。常用蓄能器的结构图、工作原理及特点见表 6-1。

表 6-1　常见蓄能器及其特点

类型		结构图	特点及说明
弹簧式			1. 利用弹簧的压缩和伸长来储存、释放压力能 2. 结构简单，反应较灵敏，但容量小 3. 供小容量、低压（$p \leqslant 1.2\text{MPa}$）回路缓冲之用，不适用于高压或高频的工作场合
充气式	气瓶式		1. 利用气体的压缩和膨胀来存储、释放压力能（气体和油液在蓄能器中直接接触） 2. 容量大、惯性小，反应灵敏，轮廓尺寸小，但气体容易混入油内，影响系统工作平稳性 3. 只适用于大容量的中、低压回路

类型		结构图	特点及说明
充气式	活塞式	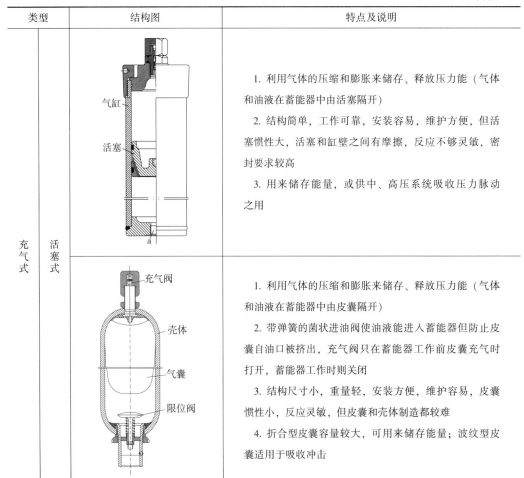	1. 利用气体的压缩和膨胀来储存、释放压力能（气体和油液在蓄能器中由活塞隔开） 2. 结构简单，工作可靠，安装容易，维护方便，但活塞惯性大，活塞和缸壁之间有摩擦，反应不够灵敏，密封要求较高 3. 用来储存能量，或供中、高压系统吸收压力脉动之用
			1. 利用气体的压缩和膨胀来储存、释放压力能（气体和油液在蓄能器中由皮囊隔开） 2. 带弹簧的菌状进油阀使油液能进入蓄能器但防止皮囊自油口被挤出，充气阀只在蓄能器工作前皮囊充气时打开，蓄能器工作时则关闭 3. 结构尺寸小，重量轻，安装方便，维护容易，皮囊惯性小，反应灵敏，但皮囊和壳体制造都较难 4. 折合型皮囊容量较大，可用来储存能量；波纹型皮囊适用于吸收冲击

6.1.2 蓄能器的工作原理与功用

6.1.2.1 工作原理

蓄能器的功用主要是储存油液多余的压力能，并在需要时释放出来。蓄能器的工作原理如图 6-1 所示，由壳体、隔层压缩空气及工作液体构成。其工作过程可分为充液和排液两个阶段。

6.1.2.2 功用

（1）作辅助动力源

若液压系统的执行元件是间歇性工作且与停顿时间相比工作时间较短，或液压系统的执行元件在一个工作循环内运动速度相差较大，为节省液压系统的动力消耗，可在系统中设置蓄能器作为辅助动力源。这样系统可采用一个功率较小的液压泵。当执行元件不工作或运动速度很低时，蓄能器储存液压泵的全部或部分能量；当执行元件工作或运动速度较高时，蓄能器释放能量独立工作或与液压泵一同向执行元件供油。

（2）补偿泄漏与保压

若液压系统的执行元件需长时间保持某一工作状态，如夹紧工件或举顶重物，为节省动力消耗，要求液压泵停机或卸荷。此时可在执行元件的进口处并联蓄能器，由蓄能器补偿泄漏、保持恒压，以保证执行元件的工作可靠性。

（3）做紧急动力源

某些液压系统要求在液压泵发生故障或失去动力时，执行元件应能继续完成必要的动作以紧急避险、保证安全。为此可在系统中设置适当容量的蓄能器作为紧急动力源，避免事故发生。

（4）吸收脉动，降低噪声

当液压系统采用齿轮泵和柱塞泵时，因其瞬时流量脉动将导致系统压力脉动，从而引起振动和噪声。此时可在液压泵的出口安装蓄能器吸收脉动、降低噪声，减少因振动损坏仪表和管接头等元件。

（5）吸收液压冲击

由于换向阀的突然换向、液压泵的突然停车、执行元件运动的突然停止等原因，液压系统管路内的液体流动会发生急剧变化，产生液压冲击。这类液压冲击大多发生于瞬间，系统的安全阀来不及开启，因此常造成系统中的仪表、密封损坏或管道破裂。若在冲击源的前端管路上安装蓄能器，则可以吸收或缓和这种压力冲击。

6.1.3　蓄能器的容量计算

蓄能器容量的大小与其用途有关，以如图 6-1 所示的皮囊式蓄能器为例进行说明。蓄能器用于储存和释放压力能的过程，蓄能器的容积 V_A 是由其充气压力 p_A、工作中要求输出的油液体积 V_W、系统最高工作压力 p_1 和最低工作压力 p_2 决定的。

储能器充气排液的状态如图 6-1（a）所示，隔层上、下工作的气体和液体处于平衡状态，此时工作液体体积为 V_1。当系统压力增高时，工作液的压力也随之增高，原有的平衡状态被破坏，在液压力的作用下，隔层向上移动，系统中的工作液进入储能器，直至达到平衡状态，液体体积增加至 V_2。

图 6-1（b）为充液蓄能的状态，由气体定律有：

$$p_A V_A^n = p_1 V_1^n = p_2 V_2^n = 常数 \tag{6-1}$$

式中：V_1 和 V_2 分别为气体在最高和最低压力下的体积；n 为指数。n 值由气体工作条件决定：当蓄能器用来补偿泄漏、保持压力时，它释放能量的速度是缓慢的，可以认为气体在等温条件下工作，$n=1$；当蓄能器用来大量提供油液时，它释放能量的速度是很快的，可以认为气体在绝热条件下工作，$n=1.4$。

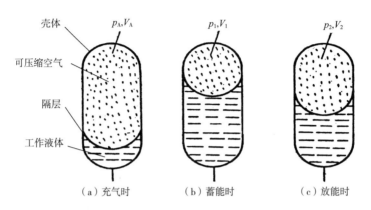

图 6-1 皮囊式蓄能器储存和释放能量的工作过程

由于 $V_A = V_1 - V_2$，则式（6-1）推导为：

$$V_A = \frac{V_W \left(\frac{1}{P_A}\right)^{\frac{1}{n}}}{\left[\left(\frac{1}{p_2}\right)^{\frac{1}{n}} - \left(\frac{1}{p_1}\right)^{\frac{1}{n}}\right]} \tag{6-2}$$

排液放能状态如图 6-1（c）所示，由于系统压力小于储能器的工作液压力，在气体的压力作用下，隔层下移，工作液向系统排放，直至平衡状态。只要系统的压力有变化，储能器中的工作液的压力就随之变化，根据力平衡原理，隔层移动工作液体积随之改变，如此反复充液、排液，便达到储存和释放液压能的目的。

p_A 值理论上可与 p_2 相等，但为了保证系统压力为 p_2 时蓄能器还有能力补偿泄漏，宜使 $p_A < p_2$，一般对折合型皮囊取 $p_A = (0.8 \sim 0.85) p_2$，波纹型皮囊取 $p_A = (0.6 \sim 0.65) p_2$。此外，如能使皮囊工作时的容腔在其充气容腔 $1/3 \sim 2/3$ 的区段内变化，有利于提高其使用寿命。

6.1.4 蓄能器的安装

蓄能器在液压回路中的安放位置随其功用而不同：吸收液压冲击或压力脉动时宜放在冲击源或脉动源近旁；补油保压时宜放在尽可能接近有关的执行元件处。

使用蓄能器须注意以下几点:

①充气式蓄能器中应使用惰性气体（一般为氮气），允许工作压力视蓄能器结构形式而定，例如，皮囊式为 3.5~32MPa。

②不同的蓄能器各有其适用的工作范围，例如，皮囊式蓄能器的皮囊强度不高，不能承受很大的压力波动，且只能在−20~70℃的温度范围内工作。

③皮囊式蓄能器原则上应垂直安装（油口向下），只有在空间位置受限制时才允许倾斜或水平安装。

④装在管路上的蓄能器须用支板或支架固定。

⑤蓄能器与管路系统之间应安装截止阀，供充气、检修时使用。蓄能器与液压泵之间应安装单向阀，防止液压泵停车时蓄能器内储存的压力油液倒流。

6.2　滤油器

6.2.1　滤油器的功用与类型

6.2.1.1　功用

滤油器的功用是过滤混在液压油液中的杂质，降低进入系统中油液的污染度，保证系统正常工作。

6.2.1.2　滤油器的类型

滤油器按其滤芯材料的过滤机制来分，有表面型滤油器、深度型滤油器和吸附型滤油器三种。

（1）表面型滤油器

整个过滤作用是由一个几何面来实现的。滤下的污染杂质被截留在滤芯元件靠油液上游的一面。在这里，滤芯材料具有均匀的标定小孔，可以滤除比小孔尺寸大的杂质。由于污染杂质积聚在滤芯表面上，因此它很容易被阻塞住。编网式滤芯、线隙式滤芯属于这种类型。

（2）深度型滤油器

这种滤芯材料为多孔可透性材料，内部具有曲折迂回的通道。大于表面孔径的杂质直接被截留在外表面，较小的污染杂质进入滤材内部，撞到通道壁上，由于吸附作用而得到滤除。滤材内部曲折的通道也有利于污染杂质的沉积。纸心、毛毡、烧结金属、陶瓷和各种纤维制品等属于这种类型。

（3）吸附型滤油器

这种滤芯材料把油液中的有关杂质吸附在其表面上。磁心即属于此类。

常见的滤油器结构及其特点见表6-2。

表6-2　常见的滤油器结构及其特点

类型	名称及结构简图	特点说明
表面型		过滤精度与铜丝网层数及网孔大小有关。在压力管路上常用100目、150目、200目（每英寸长度上孔数）的铜丝网，在液压泵吸油管路上常采用20~40目铜丝网，压力损失不超过0.004MPa，结构简单，通流能力大，清洗方便，但过滤精度低
		滤芯由绕在心架上的一层金属线组成，依靠线间微小间隙来挡住油液中杂质的通过，压力损失为0.03~0.06MPa 结构简单，通流能力大，过滤精度高，但滤芯材料强度低，不易清洗 用于低压管道中，当用在液压泵吸油管上时，它的流量规格宜选得比泵大
深度型		结构与线隙式相同，但滤芯为平纹或波纹的酚醛树脂或木浆微孔滤纸制成的纸心。为了增大过滤面积，纸心常制成折叠形压力损失为0.01~0.04MPa，过滤精度高，但堵塞后无法清洗，必须更换纸心，通常用于精过滤
		滤芯由金属粉末烧结而成，利用金属颗粒间的微孔来挡住油中杂质通过。改变金属粉末的颗粒大小，就可以制出不同过滤精度的滤芯 压力损失为0.03~0.2MPa，过滤精度高，滤芯能承受高压，但金属颗粒易脱落，堵塞后不易清洗，适用于精过滤

续表

类型	名称及结构简图	特点说明
吸附型		滤芯由永久磁铁制成，能吸住油液中的铁屑、铁粉、可带磁性的磨料 常与其他型式滤芯合起来制成复合式滤油器，对加工钢铁件的机床液压系统特别适用

6.2.2　滤油器的性能要求

6.2.2.1　过滤精度

它表示滤油器对各种不同尺寸的污染颗粒的滤除能力，用绝对过滤精度、过滤比和过滤效率等指标来评定。

绝对过滤精度是指通过滤芯的最大坚硬球状颗粒的尺寸，它反映了过滤材料中最大通孔尺寸，它可以用试验的方法进行测定。

过滤精度的性能指标。一般要求系统的过滤精度要小于运动副间隙的一半。此外，压力越高，对过滤精度要求越高。过滤精度其推荐值见表6-3。

表 6-3　过滤精度推荐值表

系统类别	润滑系统	传动系统			伺服系统
工作压力（MPa）	0~2.5	≤14	$14<p<21$	≥21	21
过滤精度（μm）	100	25~50	25	10	5

6.2.2.2　压降特性

液压回路中的滤油器对油液流动来说是一种阻力，因而油液通过滤芯时必然要出现压力降。一般来说，在滤芯尺寸和流量一定的情况下，滤芯的过滤精度越高，压力降越大；在流量一定的情况下，滤芯的有效过滤面积越大，压力降越小；油液的黏度越大，流经滤芯的压力降也越大。

滤芯所允许的最大压力降，应以不致使滤芯元件发生结构性破坏为原则。在高压系统中，滤芯在稳定状态下工作时承受到的仅是它那里的压力降，这就是为什么纸质滤芯也能在高压系统中使用的道理。油液流经滤芯时的压力降，大部分是通过试验或经验公式来确定的。

6.2.2.3　纳垢容量

纳垢容量是指滤油器在压力降达到其规定限值之前可以滤除并容纳的污染物数量，这项性能指标可以用多次通过性试验来确定。滤油器的纳垢容量越大，使用寿命越长，所以它是反映滤油器寿命的重要指标。一般来说，滤芯尺寸越大，即过滤面积越大，纳垢容量就越大。增大过滤面积可以使纳垢容量至少成比例增加。

6.2.2.4　通流能力（过滤能力）

通流能力是指在一定压力差下允许通过滤油器的最大流量。

6.2.2.5　工作压力和温度

滤油器在工作时，要能够承受住系统的压力，在液压力的作用下，滤芯不致破坏；在系统的工作温度下，滤油器要有较好的抗腐蚀性，而工作性能稳定。

滤油器应根据液压系统的技术要求，按过滤精度、通流能力、工作压力、油液黏度、工作温度等条件选定其型号。

6.2.3　滤油器的安装

滤油器在液压系统中的安装位置通常有以下几种：

①要装在泵的吸油口处。泵的吸油路上一般都安装有表面型滤油器，目的是滤去较大的杂质微粒以保护液压泵，此外滤油器的过滤能力应为泵流量的两倍以上，压力损失小于 0.02MPa。

②安装在泵的出口油路上。此处安装滤油器的目的是用来滤除可能侵入阀类等元件的污染物。其过滤精度应为 10~15μm，且能承受油路上的工作压力和冲击压力，压力降应小于 0.35MPa。同时应安装安全阀以防滤油器堵塞。

③安装在系统的回油路上。这种安装起间接过滤作用。一般与过滤器并联安装一背压阀，当过滤器堵塞达到一定压力值时，背压阀打开。

④安装在系统分支油路上。

⑤单独过滤系统。大型液压系统可专设一液压泵和滤油器组成独立过滤回路。

液压系统中除了整个系统所需的滤油器外，还常在一些重要元件（如伺服阀、精密节流阀等）的前面单独安装一个专用的精滤油器来确保它们的正常工作。

6.3　油箱

6.3.1　油箱的功用与类型

6.3.1.1　功用

油箱的功用主要是储存油液，此外还起着散发油液中热量（在周围环境温度较低的情况下则是保持油液中热量）、释出混在油液中的气体、沉淀油液中污物等作用。

6.3.1.2　类型

液压系统中的油箱有整体式和分离式两种。整体式油箱利用主机的内腔作为油箱，这种油箱结构紧凑，各处漏油易于回收，但增加了设计和制造的复杂性，维修不便，散热条件不好，且会使主机产生热变形。分离式油箱单独设置，与主机分开，减少了油箱发热和液压源振动对主机工作精度的影响，因此得到了普遍的采用，特别在精密机械上。油箱的典型结构如图 6-2 所示，油箱内部用隔板 7、9 将吸油管 1 与回油管 4 隔开。顶部、侧部和底部分别装有滤油网 2、液位计 6 和排放污油的放油阀 8。安装液压泵及其驱动电动机的安装板 5 则固定在油箱顶面上。

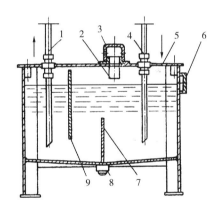

图 6-2　油箱

1—吸油管　2—滤油网　3—盖

4—回油管　5—安装板　6—液位计

7，9—隔板　8—放油阀

6.3.2　油箱的设计与选用

①油箱的有效容积（油面高度为油箱高度 80% 时的容积）应根据液压系统发热、散热平衡的原则来计算，这项计算在系统负载较大、长期连续工作时是必不可少的。

一般情况下，油箱的有效容积可以按液压泵的额定流量估计出来。

②吸油管和回油管应尽量相距远些，两管之间要用隔板隔开，以增加油液循环距离，使油液有足够的时间分离气泡，沉淀杂质，消散热量。隔板高度最好为箱内油面高度的3/4。吸油管入口处要装粗滤油器。精滤油器与回油管管端在油面最低时仍应没在油中，防止吸油时卷吸空气或回油冲入油箱时搅动油面而混入气泡。回油管管端宜斜切45°，以增大出油口截面积，减慢出口处油流速度，此外，应使回油管斜切口面对箱壁，以利油液散热。当回油管排回的油量很大时，宜使它出口处高出油面，向一个带孔或不带孔的斜槽（倾角为5°~15°）排油，使油流散开，一方面减慢流速，另一方面排走油液中空气。减慢回油流速、减少它的冲击搅拌作用，也可以采取让它通过扩散室的办法来达到。泄油管管端也可斜切并面壁，但不可没入油中。管端与箱底、箱壁间距离均不宜小于管径的3倍。粗滤油器距箱底不应小于20mm。

③为了防止油液污染，油箱上各盖板、管口处都要妥善密封。注油器上要加滤油网。防止油箱出现负压而设置的通气孔上须装空气滤清器。空气滤清器的容量至少应为液压泵额定流量的2倍。油箱内回油集中部分及清污口附近宜装设一些磁性块，以去除油液中的铁屑和带磁性颗粒。

④为了易于散热和便于对油箱进行搬移及维护保养，按GB 3766—2015规定，箱底离地至少应在150mm以上。箱底应适当倾斜，在最低部位处设置堵塞或放油阀，以便排放污油。按照GB 3766—2015规定，箱体上注油口的近旁必须设置液位计。滤油器的安装位置应便于装拆。箱内各处应便于清洗。

⑤油箱中如要安装热交换器，必须考虑好它的安装位置以及测温、控制等措施。

⑥分离式油箱一般用2.5~4mm钢板焊成。箱壁越薄，散热越快，有资料建议100L容量的油箱箱壁厚度取1.5mm，400L以下的取3mm，400L以上的取6mm，箱底厚度大于箱壁，箱盖厚度应为箱壁的4倍。大尺寸油箱要加焊角板、筋条，以增加刚性。当液压泵及其驱动电动机和其他液压件都要装在油箱上时，油箱顶盖要相应加厚。

⑦油箱内壁应涂上耐油防锈的涂料。外壁如涂上一层极薄的黑漆（不超过0.025mm厚度），会有很好的辐射冷却效果。铸造的油箱内壁一般只进行喷砂处理，不涂漆。

6.4 热交换器

液压系统的工作温度一般希望保持在30~50℃的范围之内，最高不超过65℃，最低不低于15℃。液压系统如依靠自然冷却仍不能使油温控制在上述范围内时，就须安装冷却器;反之,如环境温度太低无法使液压泵启动或正常运转时,就须安装加热器。

6.4.1　冷却器

液压系统中的冷却器,最简单的是如图 6-3 所示的蛇形管冷却器,它直接装在油箱内,冷却水从蛇形管内部通过,带走油液中的热量。这种冷却器结构简单,但冷却效率低,耗水量大。

液压系统中用得较多的冷却器是如图 6-4 所示的强制对流式多管冷却器。油液从进油口 5 流入,从出油口 3 流出;冷却水从进水口 7 流入,通过多根水管后由出水口 1 流出。油液在水管外部流动时,它的行进路线因冷却器内设置了隔板而加长,因而增加了热交换效果。

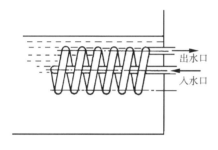

图 6-3　蛇形管冷却器

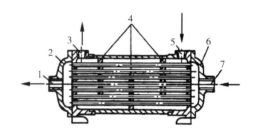

图 6-4　多管冷却器

1—出水口　2—端盖　3—出油口　4—隔板
5—进油口　6—端盖　7—进水口

翅片管式冷却器如图 6-5 所示,水管外面增加了许多横向或纵向的散热翅片,大幅扩大了散热面积和热交换效果。它是在圆管或椭圆管外嵌套上许多径向翅片,其散热面积可达光滑管的 8~10 倍。椭圆管的散热效果一般比圆管更好。

液压系统也可以用汽车上的风冷式散热器来进行冷却。这种用风扇鼓风带走流入散热器内油液热量的装置无须另设通水管路,结构简单,价格低廉,但冷却效果较水冷式差。冷却器一般应安放在回油管或低压管路上,如溢流阀的出口,系统的主回流路上或单独的冷却系统。冷却器所造成的压力损失一般为 0.01~0.1MPa。

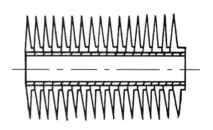

图 6-5　翅片管式冷却器

纺织机械液压传动与控制技术

6.4.2 加热器

液压系统的加热一般常采用结构简单、能按需要自动调节最高和最低温度的电加热器。这种加热器的安装方式是用法兰盘横装在箱壁上，发热部分全部浸在油液内。加热器应安装在箱内油液流动处，以有利于热量的交换。由于油液是热的不良导体，单个加热器的功率容量不能太大，以免其周围油液过度受热后发生变质现象。

6.5 管件

6.5.1 油管

液压系统中使用的油管种类很多，有钢管、铜管、尼龙管、塑料管、橡胶管等，须按照安装位置、工作环境和工作压力来正确选用。油管的特点及其适用范围见表6-4。

表6-4　液压系统中使用的油管

种类		特点和适用场合
硬管	钢管	能承受高压、价格低廉、耐油、抗腐蚀，刚性好，但装配时不能任意弯曲；常在装拆方便处用作压力管道，中、高压用无缝管，低压用焊接管合
	紫铜管	易弯曲成各种形状，但承压能力一般不超过6.5~10MPa，抗震能力较弱，又易使油液氧化；通常用在液压装置内配接不便之处
软管	尼龙管	乳白色半透明，加热后可以随意弯曲成形或扩口，冷却后又能定形不变，承压能力因材质而异，自2.5MPa至8MPa不等
	塑料管	质轻耐油，价格便宜，装配方便，但承压能力低，长期使用会变质老化，只宜用作压力低于0.5MPa的回油管、泄油管等
	橡胶管	高压管由耐油橡胶夹几层钢丝编织网制成，钢丝网层数越多，耐压越高，价格昂贵，用作中、高压系统中两个相对运动件之间的压力管道 低压管由耐油橡胶夹帆布制成，可用作回油管道

油管的规格包括尺寸管道内径和壁厚可由式 (6-3)、式 (6-4) 算出 d、δ 后, 查阅有关的标准选定。

$$d = 2\sqrt{\frac{q}{\pi v}} \tag{6-3}$$

$$\delta = \frac{pdn}{2\sigma_b} \tag{6-4}$$

式中: d 为油管内径; q 为管内流量; v 为管中油液的流速, 吸油管取 $0.5 \sim 1.5 \text{m/s}$, 高压管取 $2.5 \sim 5 \text{m/s}$ (压力高的取大值, 低的取小值, 如压力在 6MPa 以上的取 5m/s, 在 $3 \sim 6 \text{MPa}$ 之间的取 4m/s, 在 3MPa 以下的取 $2.5 \sim 3 \text{m/s}$; 管道较长的取小值, 较短的取大值; 油液黏度大时取小值), 回油管取 $1.5 \sim 2.5 \text{m/s}$, 短管及局部收缩处取 $5 \sim 7 \text{m/s}$; δ 为油管壁厚; p 为管内工作压力; n 为安全系数, 对钢管来说, $p < 7 \text{MPa}$ 时取 $n = 8$, $7 \text{MPa} < p < 17.5 \text{MPa}$ 时取 $n = 6$, $p > 17.5 \text{MPa}$ 时取 $n = 4$; σ_b 为管道材料的抗拉强度。

油管的管径不宜选得过大, 以免使液压装置的结构庞大; 但也不能选得过小, 以免使管内液体流速加大, 系统压力损失增加或产生振动和噪声, 影响正常工作。

在保证强度的情况下, 管壁可尽量选得薄些。薄壁易于弯曲, 规格较多, 装接较易, 采用它可减少管系接头数目, 有助于解决系统泄漏问题。

油管的内、外径都有标准规格, 由上述公式计算出的管道内径 d 和壁厚 δ, 应圆整为标准管径尺寸。在生产实践中, 选用管子时经常不需要计算, 管子尺寸主要根据系统中所用元件连接口径的大小决定。为了检查选用的管径是否合适, 可用上述公式进行校核。

6.5.2　接头

管接头是油管与油管、油管与液压件之间的可拆式连接件, 它必须具有装拆方便、连接牢固、密封可靠、外形尺寸小、通流能力大、压降小、工艺性好等各项条件。管接头的种类很多, 其规格品种可查阅有关手册。液压系统中油管与管接头的常见连接方式见表 6-5。管路旋入端用的连接螺纹采用国家标准米制锥螺纹 (ZM) 和普通细牙螺纹 (M)。管路旋入端用的连接螺纹采用国家标准米制锥螺纹 (ZM) 和普通细牙螺纹 (M)。锥螺纹依靠自身的锥体旋紧和采用聚四氟乙烯等进行密封, 广泛用于中、低压液压系统; 细牙螺纹密封性好, 常用于高压系统, 但要采用组合垫圈或 O 形圈进行端面密封, 有时也可用紫铜垫圈。

表6-5　液压系统中常用的管接头

名称	结构图	特点
焊接式管接头	球形头	1. 连接牢固，利用球面进行密封，简单可靠 2. 焊接工艺必须保证质量，必须采用厚壁钢管，装拆不便
卡套式管接头	油管　卡套	1. 用卡套卡住油管进行密封，轴向尺寸要求不严，装拆简便 2. 对油管径向尺寸精度要求较高，为此要采用冷拔无缝钢管
扩口式管接头	油管　管套	1. 用油管管端的扩口在管套的压紧下进行密封，结构简单 2. 适用于铜管、薄壁钢管、尼龙管和塑料管等低压管道的连接
扣压式管接头		1. 用来连接高压软管 2. 在中、低压系统中应用
固定铰接管接头	螺钉 组合垫圈 接头体 组合垫圈	1. 是直角接头，优点是可以随意调整布管方向，安装方便，占空间小 2. 接头与管子的连接方法，除本图卡套式外，还可用焊接式 3. 中间有通油孔的固定螺钉把两个组合垫圈压紧在接头体上进行密封

　　液压系统中的泄漏问题大部分都出现在管系中的接头上，为此对管材的选用，接头形式的确定（包括接头设计、垫圈、密封、箍套、防漏涂料的选用等），管系的设计（包括弯管设计、管道支承点和支承形式的选取等）以及管道的安装（包括正确的运输、储存、清洗、组装等）都要审慎从事，以免影响整个液压系统的使用质量。

6.6 密封装置

　　密封是解决液压系统泄漏问题最重要、最有效的手段之一。液压系统如果密封不良，可能出现不允许的外泄漏，外漏的油液将会污染环境；还可能使空气进入吸油腔，影响液压泵的工作性能和液压执行元件运动的平稳性（爬行）；泄漏严重时，系统容积效率过低，甚至工作压力达不到要求值。若密封过度，虽可防止泄漏，但会造成密封部分的剧烈磨损，缩短密封件的使用寿命，增大液压元件内的运动摩擦阻力，降低系统的机械效率。因此，合理地选用和设计密封装置在液压系统的设计中十分重要。

6.6.1　密封装置的要求

①在工作压力和一定的温度范围内，应具有良好的密封性能，并随着压力的增加能自动提高密封性能。

②密封装置和运动件之间的摩擦力要小，摩擦系数要稳定。

③抗腐蚀能力强，不易老化，工作寿命长，耐磨性好，磨损后在一定程度上能自动补偿。

④结构简单，使用、维护方便，价格低廉。

6.6.2　密封装置的类型和特点

密封按其工作原理不同可分为非接触式密封和接触式密封。前者主要指间隙密封，后者指密封件密封。

6.6.2.1　间隙密封

间隙密封是靠相对运动件配合面之间的微小间隙来进行密封的，常用于柱塞、活塞或阀的圆柱配合副中，一般在阀芯的外表面开有几条等距离的均压槽，它的主要作用是使径向压力分布均匀，减少液压卡紧力，同时使阀芯在孔中对中性好，以减小间隙的方法来减少泄漏。同时槽所形成的阻力，对减少泄漏也有一定的作用。均压槽一般宽 0.3~0.5mm，深为 0.5~1.0mm。圆柱面配合间隙与直径大小有关，对于阀芯与阀孔一般取 0.005~0.017mm。

这种密封的优点是摩擦力小，缺点是磨损后不能自动补偿，主要用于直径较小的圆柱面之间，如液压泵内的柱塞与缸体之间，滑阀的阀芯与阀孔之间的配合。

6.6.2.2　O 形密封圈

O 形密封圈一般用耐油橡胶制成，其横截面呈圆形，它具有良好的密封性能，内外侧和端面都能起密封作用，结构紧凑，运动件的摩擦阻力小，制造容易，装拆方便，成本低，且高低压均可以用，所以在液压系统中得到广泛的应用。

O 形密封圈的结构和工作情况如图 6-6 所示。图 6-6（b）所示为密封圈装入密封沟槽的情况，δ_1、δ_2 为 O 形圈装配后的预压缩量，通常用压缩率 W 表示，即 $W = [(d_0 - h)/d_0] \times 100\%$，对于固定密封、往复运动密封和回转运动密封，应分别达到 $15\% \sim 20\%$、$10\% \sim 20\%$ 和 $5\% \sim 10\%$，才能取得满意的密封效果。当油液工作压力超过 10MPa 时，O 形圈在往复运动中容易被油液压力挤入间隙而提早损坏 [图 6-6（c）]，为此要在它的侧面安放 1.2～1.5mm 厚的聚四氟乙烯挡圈，单向受力时在受力侧的对面安放一个挡圈 [图 6-6（d）]；双向受力时则在两侧各放一个 [图 6-6（e）]。

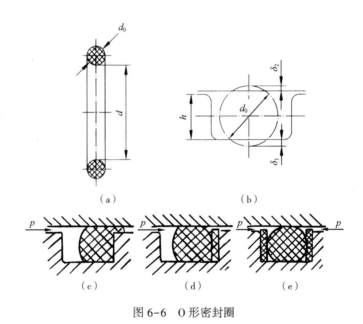

图 6-6　O 形密封圈

O 形密封圈的安装沟槽，除矩形外，也有 V 形、燕尾形、半圆形、三角形等，实际应用中可查阅有关手册及国家标准。

6.6.2.3　唇形密封圈

唇形密封圈工作原理如图 6-7 所示，根据截面的形状可分为 Y 形、V 形、U 形、L 形等。液压力将密封圈的两唇边长度 h_1 压向形成间隙的两个零件的表面。这种密封作用的特点是能随着工作压力的变化自动调整密封性能，压力越高则唇边被压得越紧，密封性越好；当压力降低时唇边压紧程度也随之降低，从而减小了摩擦阻力和功率消耗，除此之外，还能自动补偿唇边的磨损，保持密封性能不降低。

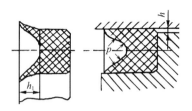

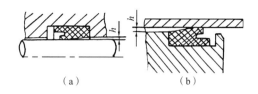

图 6-7　唇形密封圈的工作原理　　　　　　图 6-8　小 Y 形密封圈

目前，液压缸中普遍使用如图 6-8 所示的所谓小 Y 形密封圈作为活塞和活塞杆的密封。其中图 6-8（a）为轴用密封圈，图 6-8（b）所示为孔用密封圈。这种小 Y 形密封圈的特点是断面宽度和高度的比值大，增加了底部支承宽度，可以避免摩擦力造成的密封圈的翻转和扭曲。

在高压和超高压情况下（压力大于 25MPa）V 形密封圈也有应用，V 形密封圈的形状如图 6-9 所示，它由多层涂胶织物压制而成，通常由压环、密封环和支承环三个圈叠在一起使用，此时已能保证良好的密封性，当压力更高时，可以增加中间密封环的数量，这种密封圈在安装时要预压紧，所以摩擦阻力较大。

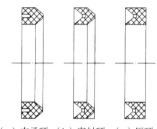

（a）支承环　（b）密封环　（c）压环

图 6-9　V 形密封圈

唇形密封圈安装时应使其唇边开口面对压力油，使两唇张开，分别贴紧在机件的表面上。

6.6.2.4　组合式密封装置

随着液压技术的应用日益广泛，系统对密封的要求越来越高，普通的密封圈单独使用已不能很好地满足密封性能，特别是使用寿命和可靠性方面的要求，因此，研究和开发了由包括密封圈在内的两个以上元件组成的组合式密封装置。

O 形密封圈与截面为矩形的聚四氟乙烯塑料滑环组成的组合密封装置如图 6-10（a）所示。其中，滑环 2 紧贴密封面，O 形圈 1 为滑环提供弹性预压力，在介质压力等于零时构成密封，由于密封间隙靠滑环，而不是 O 形圈，因此，摩擦阻力小而且稳定，可以用于 40MPa 的高压；往复运动密封时，速度可达 15m/s；往复摆动与螺旋运动密封时，速度可达 5m/s。矩形滑环组合密封的缺点是抗侧倾能力稍差，在高低压交变的场合下工作容易漏油。图 6-10（b）为由支持环 3 和 O 形圈 1 组成的轴用组合密封，由于支持环与被密封件 3 之间为线密封，其工作原理类似唇边密封。支持环采用一种经特别处理的化合物，具有极佳的耐磨性、低摩擦和保形性，不存在橡胶密封低速时易产生的"爬行"现象。工作压力可达 80MPa。

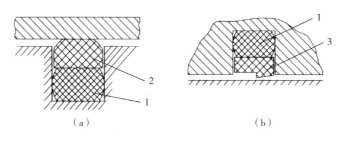

图 6-10　组合式密封装置图
1—O 形圈　2—滑环　3—支持环

组合式密封装置由于充分发挥了橡胶密封圈和滑环（支持环）的长处，因此不仅工作可靠，摩擦力低而稳定，而且使用寿命比普通橡胶密封提高近百倍，在工程上的应用日益广泛。

6.6.2.5　回转轴的密封装置

回转轴的密封装置如图 6-11 所示，它的内部有直角形圆环铁骨架支撑，密封圈的内边围着一条螺旋弹簧，把内边收紧在轴上来进行密封。这种密封圈主要用作液压泵、液压马达和回转式液压缸的伸出轴的密封，以防止油液漏到壳体外部，它的工作压力一般不超过 0.1MPa，最大允许线速度为 4~8m/s，须在有润滑的情况下工作。

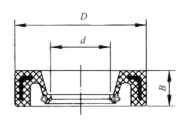

图 6-11　回转轴用密封圈

习　题

1. 蓄能器有哪些功能？有哪些类型？
2. 试列举过滤器的三种可能的安装位置，安装特点分别是什么？
3. 某一蓄能器的充气压力 $p_A = 9$MPa（所给压力均为绝对压力），用流量 $q = 5$L/min

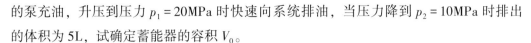

的泵充油，升压到压力 $p_1 = 20\text{MPa}$ 时快速向系统排油，当压力降到 $p_2 = 10\text{MPa}$ 时排出的体积为 5L，试确定蓄能器的容积 V_0。

4. 某液压系统的叶片泵流量为 40L/min，吸油口安装 XU-80×100 线隙式过滤器（该型号表示额定流量 $q_a = 80\text{L/min}$，过滤精度 $100\mu\text{m}$，压力损失 $\Delta p_n = 0.06\text{MPa}$）。试讨论该过滤器是否会引起泵吸油不充分现象？

5. 油液经溢流阀流入油箱时消耗了全部的能量，已知此阀两端压力降为 11.3MPa，而油的比热容为 1.67kJ/(kg·K)，试简略计算油的温升。

6. 如何确定油管内径？

7. 某液压系统，使用 YB-A36B 型叶片泵，压力为 7MPa，流量为 401L/min，试选油管的尺寸。

8. 比较各种密封装置的密封原理和结构特点，它们各用在什么场合较为合理？

第7章

液压基本回路

7.1 调速回路

7.1.1 概述

7.1.1.1 调速回路的基本要求

根据设备的使用情况，调速回路应满足以下要求：

①应满足调速范围的要求，即在额定负载下满足执行机构所要求的速度范围。

②应满足速度刚度的要求，即当负载变化时，已调好的速度不变或仅在允许范围内变化。

③应满足回路效率的要求，即要求功率损失少、回路效率高。

④回路应结构简单，工作可靠，便于维修。

7.1.1.2 调速回路的基本原理

从液压马达的工作原理可知，液压马达的转速 n_M 由输入流量和液压马达的排量 V_m 决定，即 $n_M = q/V_m$，液压缸的运动速度 v 由输入流量和液压缸的有效作用面积 A 决定，即 $v = q/A$。

通过以上关系可知，要想调节液压马达的转速 n_M 或液压缸的运动速度 v，可通过改变输入流量 q、液压马达的排量 V_m 和缸的有效作用面积 A 等方法来实现。由于改变液压缸的有效面积比较困难，而改变输入流量 q 可以通过采用流量阀或变量泵来实现，改变液压马达的排量 V_m，可通过采用变量液压马达来实现，因此，调速回路主要有以下三种方式：

①节流调速回路。由定量泵供油，用流量阀调节进入执行机构的流量实现调速。

②容积调速回路。用调节变量泵或变量马达的排量来调速。

③容积节流调速回路。用限压变量泵供油，由流量阀调节进入执行机构的流量，并使变量泵的流量与调节阀的调节流量相适应来实现调速。此外还可采用几个定量泵并联，按不同速度需要，启动一个泵或几个泵供油实现分级调速。

7.1.2 节流调速回路

7.1.2.1 节流调速原理

节流调速回路是通过调节流量阀的通流截面积大小来改变进入执行机构的流量，从而实现运动速度的调节。

如图7-1（a）、（b）所示，将节流阀串联在回路中，节流阀和溢流阀相当于并联的两个液阻，定量泵输出的流量 q_B 不变，经节流阀流入液压缸的流量 q_1 和经溢流阀流回油箱的流量 Δq 的大小，由节流阀和溢流阀液阻的相对大小决定。节流阀通过改变节流口的通流截面，可以在较大范围内改变其液阻，从而改变进入液压缸的流量，调节液压缸的速度。

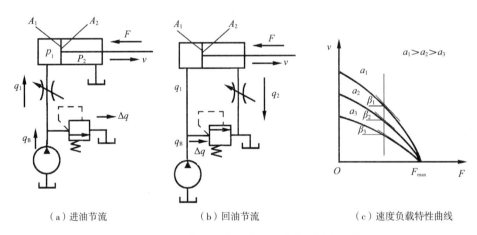

（a）进油节流　　　　　　（b）回油节流　　　　　　（c）速度负载特性曲线

图7-1　进油节流调速回路和回油节流调速回路

如图7-2所示，如果调速回路里只有节流阀，则液压泵输出的油液全部经节流阀流进液压缸。改变节流阀节流口的大小，只能改变油液流经节流阀流速的大小，而总的流量不会改变，在这种情况下节流阀不能起调节流量的作用，液压缸的速度不会改变。

如图7-2所示，将节流阀与液压缸并联起来，不用溢流阀也能实现节流调速，此时，回路中的溢流阀在调速时并不溢流，而是起安全保护作用。当改变节流阀节流口

的大小时，可以改变节流阀回油箱的流量 q_2，从而改变进入
液压缸的流量，调整液压缸的速度。

　　在节流调速回路中，根据流量阀相对于执行机构的安装
位置不同，可分为进油节流、回油节流和旁路节流三种
形式。

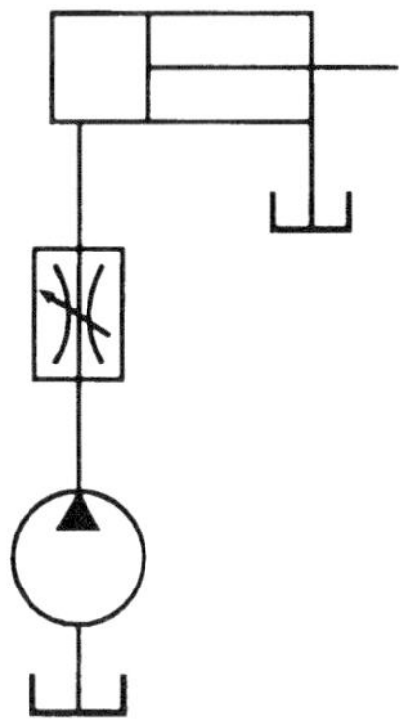

7.1.2.2　进油节流调速回路和回油节流调速回路

　　（1）进油节流调速回路

　　进油节流调速回路是将节流阀装在执行机构的进油路

图 7-2　节流阀与液压缸
串联（不正确接法）

上，其调速原理如图 7-1（a）所示，定量泵输出流量 q_B 恒
定，供油压力 p_B 由溢流阀调定，进入液压缸的流量 q_1 由节
流阀的调节开口面积 a 确定，压力油作用在活塞 A_1 上，克服负载 F，推动活塞以速度
$v = q_1/A_1$ 向右运动。

　　当稳态工作时，活塞上的力平衡方程为：

$$p_1 A_1 = p_2 A_2 + F$$

由于液压缸右腔的油压 p_2 与油箱相通，所以 $p_2 \approx 0$，则此时：

$$p_1 A_1 = F \text{ 即 } p_1 = F/A_1$$

节流阀前后的压力差：

$$\Delta p = p_B - p_1$$

则　　　　　　　　　　　　　　$$\Delta p = p_B - F/A_1$$

根据节流口流量特性公式，流过节流阀的流量：

$$q_1 = ka\Delta p^m = ka(p_B - p_1)^m = ka(p_B - F/A_1)^m$$

由以上关系得出，进油节流调速回路的速度—负载特性方程为：

$$v = \frac{q_1}{A_1} = \frac{ka}{A_1}\left(\frac{p_B A_1 - F}{A_1}\right)^m \tag{7-1}$$

式中：k 为与节流口形式、液流状态、油液性质等有关的节流阀的系数；a 为节流口的
通流面积；m 为节流阀口指数（薄壁小孔，$m = 0.5$）。由式（7-1）可知，当 F 增大，
a 一定时，速度 v 减小。

　　进油节流调速回路的优点是：液压缸回油腔和回油管中压力较低，当采用单杆活
塞液压缸，使油液进入无杆腔时，其有效工作面积较大，可以得到较大的推力和较低
的运动速度，这种回路多用于要求冲击小、负载变动小的液压系统。

　　（2）回油节流调速回路

　　回油节流调速回路将节流阀安装在液压缸的回油路上，其调速原理如图 7-1（b）

所示。

根据流量连续性原理，节流阀安装在液压缸的回油路上也同样可调节进入液压缸的流量，供油压力 p_B 由溢流阀调定，定量泵输出的多余油液经溢流阀流回油箱。

当稳态工作时，活塞上的力平衡方程式为：

$$p_B A_1 = p_2 A_2 + F$$

即

$$p_2 = (p_B A_1 - F)/A_2$$

活塞的运动速度 v 由节流阀的调节流量 q_2 决定，节流阀上的压差 $\Delta p = p_2$ 稳态时，活塞的运动速度—负载特性方程为：

$$v = \frac{q_2}{A_2} = \frac{kap_2^m}{A^2} = \frac{ka}{A^2}\left(\frac{p_B A_1 - F}{A^2}\right) \tag{7-2}$$

回油节流调速的优点是：节流阀在回油路上可以产生背压，相对进油节流调速而言，运动比较平稳，常用于负载变化较大，要求运动平稳的液压系统中。而且在 a 一定时，速度 v 随负载 F 增加而减小。

（3）进油节流调速与回油节流调速回路的工作特性

①速度—负载特性。在上述进油节流调速回路与回油节流调速回路的速度—负载特性方程式（7-1）、式（7-2）中，由于 A_1、A_2 均为常数，所以两者的速度负载特性相同，其速度与负载的变化关系如图 7-1（c）中的速度—负载特性曲线所示，从该图中可以看出，进出口节流调速回路的速度负载特性有以下特点：

a. 当节流阀的通流截面积 a 不变时，随着负载 F 的减小，速度—负载特性曲线趋于平缓，所以，负载 F 小时，速度负载特性刚性好。

b. 在相同的负载下，节流阀的通流截面积 a 越小，曲线越平缓，所以，节流通流截面积越小，速度—负载特性越好。

c. 在油泵压力已调定的情况下，最大承载能力 $F_{max} = p_B A_1$ 不随节流阀的通流截面积和速度 v 的变化而变化。

②功率特性和回路效率。当液压泵的输出功率为 P_B、液压缸的有效功率为 P_m 时，若不考虑管路和液压缸的损耗，则进油节流调速回路的功率损失：

$$\Delta P = P_B - P_m = p_B q_B - p_1 q_1 = p_B \Delta q + q_1 \Delta p$$

回油节流调速回路的功率损失：

$$\Delta P = P_B - P_m = p_B \Delta p + q_2 p_2$$

式中符号见回路原理图。Δp 为节流阀进出口间的压差。在回油节流调速的回路中，$p_2 = \Delta p$。

由上式可知，进、回油节流调速回路的功率损失 ΔP 包括溢流损失（$p_B \Delta q$）和节流损失（$q_1 \Delta p$ 或 $q_2 p_2$），这两项损失都转换成热能使油温升高。

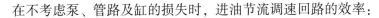

在不考虑泵、管路及缸的损失时，进油节流调速回路的效率：

$$\eta_c = p_1 q_1 / p_B q_B$$

回油节流调速回路的效率：

$$\eta_c = \left[p_1 - p_2 (A_2/A_1) \right] q_1 / p_B q_B$$

由上式可知，当 q_1/q_B 越大（即溢流损失越小），回路效率越高；p_1/p_B 越大（即负载越大），其效率也越高。

机床液压系统节流阀前后压差 $\Delta p \geq (2 \sim 3) \times 10^5 \mathrm{Pa}$ 才能正常工作，一般其回路效率 $\eta_c = 0.3 \sim 0.6$。

③调速范围。进、回油节流调速回路的调速范围，以液压缸在某负载下所能得到的最大工作速度和最小工作速度之比来表示，该比值与节流调节流口的最大通流面积和最小通流面积之比相等，即：

$$v_{max}/v_{min} = a_{max}/a_{min}$$

由此可知，进、回油节流调速回路的调速范围，取决于节流阀的调节范围。流量阀的调速范围可达 100 左右。

④速度刚度 k_v。活塞运动速度受负载影响的程度，可以用速度刚度来评定它是速度—负载特性曲线上某点处切线斜率的倒数，即：

$$k_v = 1/\frac{\mathrm{d}v}{\mathrm{d}F} = \cot \beta$$

由图 7-1 可以看出，当 $a = c$ 时负载 F 越小，刚度越大。而当 $F = c$ 时，节流阀面积 a 越小，刚度越大。

⑤进油节流、回油节流调速回路的其他特性。

a. 承受负值负载的能力。负值负载为负载力的方向与活塞运动方向相同的负载。

回油节流调速回路因节流阀装在缸的回油路上，节流阀的阻尼作用在缸的回油路上产生背压力，所以能承受负值负载。

进油节流调速回路不能承受负值负载，所以进油节流调速回路在实际应用中一般在缸的回油路上加一个背压阀，这样既可以承受负值负载，又能提高该回路的速度稳定性，但相应地提高了工作压力，回路效率有所下降。

b. 回油节流调速回路通过节流口的油液所产生的热量直接流回油箱，便于散热。进油节流调速回路通过节流口的油液所产生的热量直接进入液压缸，会使缸的泄漏增加。

c. 回油节流调速回路在停止工作后，回油腔的油流回油箱而形成空隙，再次启动时，泵输出的压力油会因此瞬时全部进入液压缸而引起快速前冲现象。因此在实际应用时，可采取在回路上增加单向阀等措施防止缸的回油腔直接回油箱。

进油节流调速回路中，因节流阀装在缸的进油路上，所以，避免了启动时活塞的前冲现象。

7.1.2.3 旁路节流调速回路

（1）工作原理

这种回路由定量泵、安全阀、液压缸和节流阀组成，节流阀安装在与液压缸并联的旁油路上，其调速原理如图7-3所示。

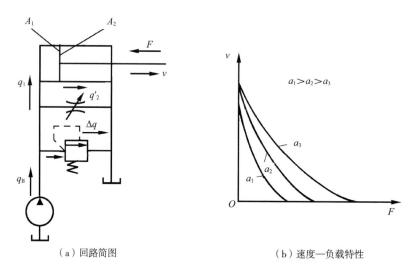

（a）回路简图　　　　　（b）速度—负载特性

图7-3　旁路节流调速回路

定量泵输出的流量 q_B，一部分（q_1）进入液压缸，另一部分（q_2）通过节流阀流回油箱。溢流阀在这里起安全作用（$\Delta q=0$），回路正常工作时，溢流阀不打开，当供油压力超过正常工作压力时，溢流阀才打开，以防过载。溢流阀的调节压力应大于回路正常工作压力，在这种回路中，缸的进油压力 p_1 等于泵的供油压力 p_B，溢流阀的调节压力一般为缸克服最大负载所需的工作压力 p_{1max} 的 1.1~1.3 倍。

（2）速度—负载特性

按进、回油节流调速回路的分析方法，可求得旁路节流回路的速度—负载特性方程：

$$v=\frac{q_1}{A_1}=\frac{q_B-q_2}{A_1}=\frac{q_B-ka(F/A_1)^m}{A_1} \tag{7-3}$$

式中：q_2 为流经节流阀的流量，$q_2=ka\Delta p^m$，Δp 为节流阀上的压差，$\Delta p=p_1=p_B=F/A_1$。

由式（7-3）可知，当负载 F 不变时，节流阀的通流面积越小，活塞的速度 v 就越大，关闭节流阀（$a=0$），活塞的速度最高，此时 $v=q_B/A_1$；反之，则活塞速度降低，当节流阀的开口 a 大到使 $a_{max} \geqslant q_B / \left[k \left(F/A_1 \right)^m \right]$ 时，$q_2 = q_B$，$v = 0$；若节流阀开口 a 不变，负载 F 增大，v 减小；当负载增大到 $F_{max} = A_1 p_r$（p_r 为安全阀调节压力）时，$v = 0$，此时泵的流量主要经安全阀流回油箱，其速度负载特性曲线如图 7-3（b）所示。

从图 7-3（b）可以看出，旁路节流调速回路的速度负载特性有以下特点：

当节流阀的通流截面积 a 不变时，负载越大，曲线越平缓，速度刚性越好。

当负载 F 一定时，节流阀的通流截面积越小，曲线越平缓，速度刚性越好。

（3）功率特性和回路效率

液压泵的输出功率：

$$P_B = p_B q_B = p_1 q_B$$

节流阀上的功率损失：

$$\Delta P = p_1 q_2 = p_1 k a p_1^m = k a p_1^{m+1}$$

液压缸的输出功率：

$$P_m = p_1 q_1 = p_1 (q_B - q_2) = P_B - \Delta P$$

从以上关系可以看出，旁路节流调速回路只有节流功率损失，而无溢流功率损失。此时，节流阀上的压差等于工作压力，其值较大。当负载 F 恒定时，工作压力 p_1 不变，泵的输出功率 P_B 也不变；功率损失 ΔP 随 v 的增高（q_1 增大，a 减小）而线性减小；缸的输出功率 ΔP_m 则随 v 的增大而线性增大，当负载变化时，泵的输出功率也变化。

旁路节流调速回路的效率：

$$\eta_c = p_1 q_1 / p_1 q_B = q_1 / q_B = (q_B - q_2)/q_B = 1 - ka(F/A_1)^m / q_B \tag{7-4}$$

由上式可知，η_c 随速度的增加（即 a 减小）而增加，旁路节流调速回路的调速范围比进、回油节流调速回路的调速范围小。

综合旁路节流调速回路的特性，该回路适用于负载变化小、对运动平稳性要求不高、速度较高、功率较大的场合。

7.1.2.4　采用调速阀的节流调速回路

前面介绍的用节流阀调速的三种基本调速回路中，其速度的稳定性均随负载的变化而变化，对于一些负载变化较大，对速度稳定性要求较高的液压系统，可采用调速阀来改善其速度—负载特性。

采用调速阀也可按其安装位置不同，分为进油节流、回油节流、旁路节流三种基本调速回路。

由于采用调速阀节流调速回路的工作原理和性能分析与采用节流阀相类似，所以，在此只以进油节流调速回路为例作简要介绍。

图7-4为调速阀进油调速回路，其工作原理与采用节流的进油节流阀调速回路相似。在这里当负载F变化而使p_1变化时，由于调速阀中的定差输出减压阀的调节作用，使调速阀中的节流阀的前后压差Δp保持不变，从而使流经调速阀的流量q_1不变，所以活塞的运动速度v也不变。

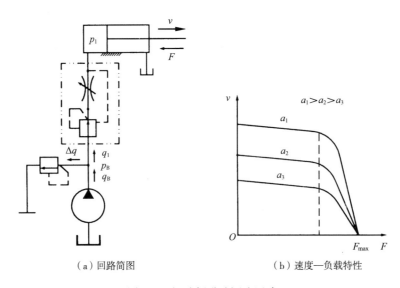

（a）回路简图　　　　　　（b）速度—负载特性

图7-4　调速阀进油调速回路

其速度—负载特性曲线如图7-4（b）所示。由于泄漏的影响，实际上随负载F的增加，速度v有所减小。

在此回路中，调速阀上的压差Δp包括两部分：节流口的压差和定差输出减压口上的压差。

所以调速阀的调节压差比采用节流阀时要大，一般$\Delta p \geqslant 5\times10^5\text{Pa}$，高压调速阀则达$10\times10^5\text{Pa}$。这样泵的供油压力$p_B$相应地比采用节流阀时也要调得高些，故其功率损失也要大些。

这种回路其他调速性能的分析方法与采用节流阀时基本相同。

综上所述，采用调速阀的节流调速回路的低速稳定性、回路刚度、调速范围等，要比采用节流阀的节流调速回路都好，所以它在机床液压系统中获得广泛的应用。

7.1.3　容积调速回路

容积调速回路是通过改变回路中液压泵或液压马达的排量来实现调速的。其主要优点是功率损失小（没有溢流损失和节流损失）且其工作压力随负载变化，所以效率高、油的温度低，适用于高速、大功率系统。

按油路循环方式不同，容积调速回路有开式回路和闭式回路两种。开式回路中泵从油箱吸油，执行机构的回油直接回到油箱，油箱容积大，油液能得到较充分冷却，但空气和污染物易进入回路。闭式回路中，液压泵将油输出进入执行机构的进油腔，又从执行机构的回油腔吸油。闭式回路结构紧凑，只需很小的补油箱，但冷却条件差。为了补偿工作中油液的泄漏，一般设补油泵，补油泵的流量为主泵流量的 $10\% \sim 15\%$。压力调节为 $3 \times 10^5 \sim 10 \times 10^5 \text{Pa}$。容积调速回路通常有三种基本形式：变量泵和定量液动机的容积调速回路；定量泵和变量马达的容积调速回路；变量泵和变量马达的容积调速回路。

7.1.3.1　变量泵和定量液动机的容积调速回路

这种调速回路可由变量泵与液压缸或变量泵与定量液压马达组成。其回路原理如图 7-5 所示。

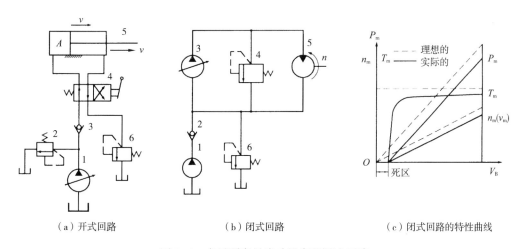

（a）开式回路　　　　　（b）闭式回路　　　　（c）闭式回路的特性曲线

图 7-5　变量泵定量液动机容积调速回路

其工作原理是：活塞 5 的运动速度 v 由变量泵 1 调节，2 为安全阀，4 为换向阀，6 为背压阀。图 7-5（b）所示为采用变量泵 3 来调节液压马达 5 的转速，安全阀 4 用以防止过载，低压辅助泵 1 用以补油，其补油压力由低压溢流阀 6 来调节。

（1）主要工作特性

速度特性：当不考虑回路的容积效率时，执行机构的速度 n_m 或（V_m）与变量泵的排量 V_B 的关系为：

$$n_m = n_B V_B / V_m \text{ 或 } v_m = n_B V_B / A \tag{7-5}$$

上式表明：因马达的排量 V_m 和缸的有效工作面积 A 是不变的，当变量泵的转速 n_B

不变，则马达的转速 n_m（或活塞的运动速度）与变量泵的排量成正比，是一条通过坐标原点的直线，如图 7-5（c）中虚线所示。实际上回路的泄漏是不可避免的，在一定负载下，需要一定流量才能启动和带动负载。所以其实际的 n_m（或 V_m）与 V_B 的关系如实线所示。这种回路在低速下承载能力差，速度不稳定。

（2）转矩特性、功率特性

当不考虑回路的损失时，液压马达的输出转矩 T_m（或缸的输出推力 F）为 $T_m = V_m \Delta p / 2\pi$ 或 $F = A(p_B - p_0)$。它表明当泵的输出压力 p_B 和吸油路（也即马达或缸的排油）压力 p_0 不变，马达的输出转矩 T_m 或缸的输出推力 F 理论上是恒定的，与变量泵的 V_B 无关。但实际上由于泄漏和机械摩擦等的影响，也存在一个"死区"，如图 7-5（c）所示。

此回路中执行机构的输出功率：

$$P_m = (p_B - p_0)q_B = (p_B - p_0)n_B v_B \text{ 或 } P_m = n_m T_m = V_B n_B T_m / V_m \tag{7-6}$$

式（7-6）表明：马达或缸的输出功率 P_m 随变量泵的排量 V_B 的增减而线性地增减。其理论与实际的功率特性如图 7-6（c）所示。

（3）调速范围

这种回路的调速范围，主要取决于变量泵的变量范围，其次是受回路的泄漏和负载的影响。采用变量叶片泵可达 10，变量柱塞泵可达 20。

综上所述，变量泵和定量液动机所组成的容积调速回路为恒转矩输出，可正反向实现无级调速，调速范围较大。适用于调速范围较大，要求恒扭矩输出的场合，如大型机床的主运动或进给系统中。

7.1.3.2 定量泵和变量马达容积调速回路

定量泵与变量马达容积调速回路如图 7-6 所示。图 7-6（a）为开式回路，由定量泵 1、变量马达 2、安全阀 3、换向阀 4 组成；图 7-6（b）为闭式回路，1、2 为定量泵和变量马达，3 为安全阀，4 为低压溢流阀，5 为补油泵。

此回路是通过调节变量马达的排量 V_m 来实现调速。

（1）速度特性

在不考虑回路泄漏时，液压马达的转速 n_m 为：

$$n_m = q_B / V_m$$

式中：q_B 为定量泵的输出流量。可见变量马达的转速 n_m 与其排量 V_m 成正比，当排量 V_m 最小时，马达的转速 n_m 最高。其理论与实际的特性曲线如图 7-6（c）中虚、实线所示。

由上述分析和调速特性可知：此种用调节变量马达的排量的调速回路，如果用变

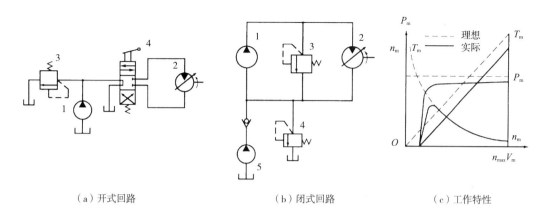

（a）开式回路　　　　　　　　（b）闭式回路　　　　　　　（c）工作特性

图 7-6　定量泵变量马达容积调速回路

量马达来换向，在换向的瞬间要经过"高转速—零转速—反向高转速"的突变过程，所以，不宜用变量马达来实现平稳换向。

（2）转矩与功率特性

液压马达的输出转矩：

$$T_m = V_m(p_B - p_0)/2\pi$$

液压马达的输出功率：

$$P_m = n_m T_m = q_B(p_B - p_0)$$

上式表明：马达的输出转矩 T_m 与其排量 V_m 成正比；而马达的输出功率 P_m 与其排量 V_m 无关，若进油压力 p_B 与回油压力 p_0 不变时，$P_m = C$，故此种回路属恒功率调速。其转矩特性和功率特性如图 7-6（c）所示。

综上所述，定量泵变量马达容积调速回路，由于不能用改变马达的排量来实现平稳换向，调速范围比较小（一般为 3~4），因而较少单独应用。

7.1.3.3　变量泵和变量马达的容积调速回路

这种调速回路是上述两种调速回路的组合，其调速特性也具有两者的特点。图 7-7 所示为其工作原理与调速特性，由双向变量泵 2 和双向变量马达 9 等组成闭式容积调速回路。

该回路的工作原理：调节变量泵 2 的排量 V_B 和变量马达 10 的排量 V_m，都可调节马达的转速 n_m；补油泵 1 通过单向阀 4 和 5 向低压腔补油，其补油压力由溢流阀 12 来调节；安全阀 6 和 7 分别用以防止正反两个方向的高压过载。液控换向阀 8 和溢流阀 9 用于改善回路工作性能，当高、低压油路压差（$p_B - p_0$）大于一定值时，液动滑阀 8 处于上位或下位，使低压油路与溢流阀 9 接通，部分低压热油经 8、9 流回油箱。因此溢流阀9的调节压力应比溢流阀12的调节压力低些。为合理地利用变量泵和变量马达调速中各自的优点，克服其缺点，在实际应用时，一般采用分段调速的方法。

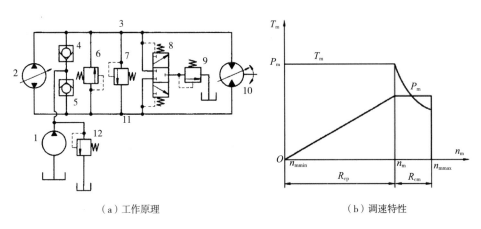

（a）工作原理　　　　　　　　　　　　（b）调速特性

图7-7　变量泵变量马达的容积调速回路

第一阶段将变量马达的排量 V_m 调到最大值并使之恒定，然后调节变量泵的排量 V_B 从最小逐渐加大到最大值，则马达的转速 n_m 便从最小逐渐升高到相应的最大值（变量马达的输出转矩 T_m 不变，输出功率 p_m 逐渐加大）。这一阶段相当于变量泵定量马达的容积调速回路。第二阶段将已调到最大值的变量泵的排量 V_B 固定不变，然后调节变量马达的排量 V_m，从最大逐渐调到最小，此时马达的转速 n_m 便进一步逐渐升高到最高值（在此阶段中，马达的输出转矩 T_m 逐渐减小，而输出功率 p_m 不变）。这一阶段相当于定量泵变量马达的容积调速回路。

上述分段调速的特性曲线如图7-7（b）所示。

这样，就可使马达的换向平稳，且第一阶段为恒转矩调速，第二阶段为恒功率调速。这种容积调速回路的调速范围是变量泵调节范围和变量马达调节范围的乘积，所以其调速范围大（可达100），并且有较高的效率，它适用于大功率的场合，如矿山机械、起重机械以及大型机床的主运动液压系统。

7.1.4　容积节流调速回路

容积节流调速回路的基本工作原理是采用压力补偿式变量泵供油、调速阀（或节流阀）调节进入液压缸的流量并使泵的输出流量自动地与液压缸所需流量相适应。

常用的容积节流调速回路有：限压式变量泵与调速阀等组成的容积节流调速回路和变压式变量泵与节流阀等组成的容积调速回路。

图7-8所示为限压式变量泵与调速阀组成的调速回路工作原理和工作特性图。在

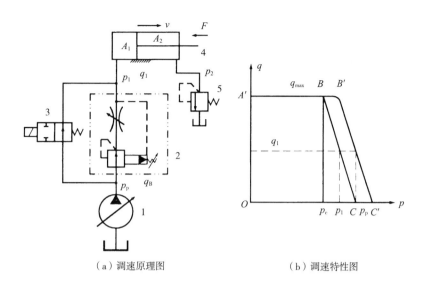

（a）调速原理图　　　　　　　（b）调速特性图

图 7-8　限压式变量泵调速阀容积节流调速回路

图示位置，活塞 4 快速向右运动，泵 1 按快速运动要求调节其输出流量 q_{max}，同时调节限压式变量泵的压力调节螺钉，使泵的限定压力 p_C 大于快速运动所需压力［图 7-8（b）中 AB 段］。当换向阀 3 通电，泵输出的压力油经调速阀 2 进入缸 4，其回油经背压阀 5 回油箱。调节调速阀 2 的流量 q_1 就可调节活塞的运动速度 v，由于 $q_1<q_B$，压力油迫使泵的出口与调速阀进口之间的油压偏高，即泵的供油压力升高，泵的流量便自动减小到 $q_B \approx q_1$ 为止。

这种调速回路的运动稳定性、速度负载特性、承载能力和调速范围均与采用调速阀的节流调速回路相同。图 7-8（b）所示为其调速特性，由图可知，此回路只有节流损失而无溢流损失。

当不考虑回路中泵和管路的泄漏损失时，回路的效率为：

$$\eta_c = \left[p_1 - p_2(A_2/A_1) \right]q_1/p_B q_1 = \left[p_1 - p_2(A_2/A_1) \right]/p_B$$

上式表明：泵的输油压力 p_B 调得低一些，回路效率就可高一些，但为了保证调速阀的正常工作压差，泵的压力应比负载压力 p_1 至少大于 $5 \times 10^5 Pa$。当此回路用于"死档铁停留"、压力继电器发出信号实现快退时，泵的压力还应调高些，以保证压力继电器可靠发信号，故此时的实际工作特性曲线如图 7-8（b）中 $AB'C'$ 所示。此外，当 p_C 不变时，负载越小，p_1 便越小，回路效率越低。

综上所述：限压式变量泵与调速阀等组成的容积节流调速回路，具有效率较高、调速较稳定、结构较简单等优点。目前已广泛应用于负载变化不大的中、小功率组合机床的液压系统中。

7.1.5　调速回路的比较和选用

7.1.5.1　调速回路的比较

三种调速回路的主要性能见表7-1。

表7-1　调速回路的比较

主要性能		节流调速回路				容积调速回路	容积节流调速回路	
		用节流阀		用调速阀			限压式	稳流式
		进回油	旁路	进回油	旁路			
机械特性	速度稳定性	较差	差	好		较好	好	
	承载能力	较好	较差	好		较好	好	
调速范围		较大	小	较大		大	较大	
功率特性	效率	低	较高	低	较高	最高	较高	高
	发热	大	较小	大	较小	最小	较小	小
适用范围		小功率、轻载的中、低压系统				大功率、重载高速的中、高压系统	中、小功率的中压系统	

7.1.5.2　调速回路的选用

调速回路的选用主要考虑以下问题：

（1）执行机构的负载性质、运动速度、速度稳定性等要求

负载小，且工作中负载变化也小的系统可采用节流阀节流调速；在工作中负载变化较大且要求低速稳定性好的系统，宜采用调速阀的节流调速或容积节流调速；负载大、运动速度高、油的温升要求小的系统，宜采用容积调速回路。

一般来说，功率在3kW以下的液压系统宜采用节流调速；3~5kW范围宜采用容积节流调速；功率在5kW以上的宜采用容积调速回路。

（2）工作环境要求

处于温度较高的环境下工作，且要求整个液压装置体积小、重量轻的情况，宜采用闭式回路的容积调速。

（3）经济性要求

节流调速回路的成本低，功率损失大，效率也低；容积调速回路因变量泵、变量马达的结构较复杂，所以价钱高，但其效率高、功率损失小；而容积节流调速则介于两者之间。所以需综合分析选用哪种回路。

7.2　速度控制回路

7.2.1　快速运动回路

为了提高生产效率，机床工作部件常要求实现空行程（或空载）的快速运动。这时要求液压系统流量大而压力低。这与工作运动时一般需要的流量较小和压力较高的情况正好相反。对快速运动回路的要求主要是在快速运动时，尽量减小需要液压泵输出的流量，或者在加大液压泵的输出流量后，但在工作运动时又不致于引起过多的能量消耗。以下介绍几种机床上常用的快速运动回路。

7.2.1.1　差动连接回路

这是在不增加液压泵输出流量的情况下来提高工作部件运动速度的一种快速回路，其实质是改变了液压缸的有效作用面积。

图 7-9 是用于快、慢速转换的，其中快速运动采用差动连接的回路。当换向阀 3 左端的电磁铁通电时，阀 3 左位进入系统，液压泵 1 输出的压力油同缸右腔的油经 3 左位、5 下位（此时外控顺序阀 7 关闭）也进入缸 4 的左腔，进入液压缸 4 的左腔，实现了差动连接，使活塞快速向右运动。当快速运动结束，工作部件上的挡铁压下机动换向阀 5 时，泵的压力升高，阀 7 打开，液压缸 4 右腔的回油只能经调速阀 6 流回油箱，这时是工作进给。当换向阀 3 右端的电磁铁通电时，活塞向左快速退回（非差动连接）。采用差动连接的快速回路方法简单，较经济，但快、慢速度的换接不够平稳。必须注意，差动油路的换向阀和油管通道应按差动

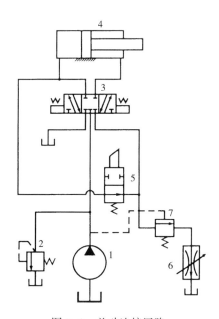

图 7-9　差动连接回路

时的流量选择，不然流动液阻过大会使液压泵的部分油从溢流阀流回油箱，速度减慢，甚至不起差动作用。

7.2.1.2 双泵供油的快速运动回路

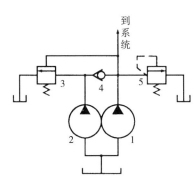

图 7-10 双泵供油回路

这种回路是利用低压大流量泵和高压小流量泵并联为系统供油，回路如图 7-10 所示。图中 1 为高压小流量泵，用以实现工作进给运动。2 为低压大流量泵，用以实现快速运动。在快速运动时，液压泵 2 输出的油经单向阀 4 和液压泵 1 输出的油共同向系统供油。在工作进给时，系统压力升高，打开液控顺序阀（卸荷阀）3 使液压泵 2 卸荷，此时单向阀 4 关闭，由液压泵 1 单独向系统供油。溢流阀 5 控制液压泵 1 的供油压力是根据系统所需最大工作压力来调节的，而卸荷阀 3 使液压泵 2 在快速运动时供油，在工作进给时则卸荷，因此它的调整压力应比快速运动时系统所需的压力要高，但比溢流阀 5 的调整压力低。

双泵供油回路功率利用合理、效率高，并且速度换接较平稳，在快、慢速度相差较大的机床中应用很广泛，缺点是要用一个双联泵，油路系统也稍复杂。

7.2.2 速度换接回路

速度换接回路用来实现运动速度的变换，即在原来设计或调节好的几种运动速度中，从一种速度换成另一种速度。对这种回路的要求是速度换接要平稳，即不允许在速度变换的过程中有前冲（速度突然增加）现象。下面介绍几种回路的换接方法及特点。

7.2.2.1 快速运动和工作进给运动的换接回路

图 7-11 是用单向行程节流阀换接快速运动（简称快进）和工作进给运动（简称工进）的速度换接回路。在图示位置液压缸 3 右腔的回油可经行程阀 4 和换向阀 2 流回油箱，使活塞快速向右运动。当快速运动到达所需位置时，活塞上挡块压下行程阀 4，将其通路关闭，这时液压缸 3 右腔的回油就必须经过节流阀 6 流回油箱，活塞的运动转换为工作进给运动。当操纵换向阀 2 使活塞换向后，压力油可经换向阀 2 和单向阀 5 进入液压缸 3 右腔，使活塞快速向左退回。

在这种速度换接回路中，因为行程阀的通油路是由液压缸活塞的行程控制阀芯移动而逐渐关闭的，所以换接时的位置精度高，冲出量小，运动速度的变换也比较平稳。

这种回路在机床液压系统中应用较多，它的缺点是行程阀的安装位置受到一定限制（要由挡铁压下），所以有时管路连接稍复杂。行程阀也可以用电磁换向阀来代替，这时电磁阀的安装位置不受限制（挡铁只需要压下行程开关），但其换接精度及速度变换的平稳性较差。

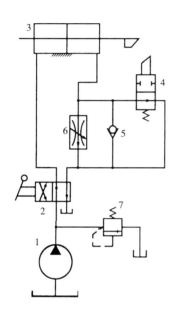 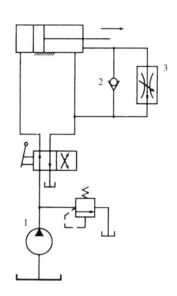

图 7-11　用行程节流阀的速度换接回路　　图 7-12　利用液压缸自身结构的速度换接回路

图 7-12 是利用液压缸本身的管路连接实现的速度换接回路。在图示位置时，活塞快速向右移动，液压缸右腔的回油经油路 1 和换向阀流回油箱。当活塞运动到将油路 1 封闭后，液压缸右腔的回油须经节流阀 3 流回油箱，活塞则由快速运动变换为工作进给运动。

这种速度换接回路方法简单，换接较可靠，但速度换接的位置不能调整，工作行程也不能过长以免活塞过宽，所以仅适用于工作情况固定的场合。这种回路也常用作活塞运动到达端部时的缓冲制动回路。

7.2.2.2　两种工作进给速度的换接回路

对于某些自动机床、注塑机等，需要在自动工作循环中变换两种以上的工作进给速度，这时需要采用两种（或多种）工作进给速度的换接回路。

图 7-13 是两个调速阀并联以实现两种工作进给速度换接的回路。在图 7-13（a）中，液压泵输出的压力油经调速阀 3 和电磁阀 5 进入液压缸。当需要第二种工作进给速度时，电磁阀 5 通电，其右位接入回路，液压泵输出的压力油经调速阀 4 和电磁阀 5

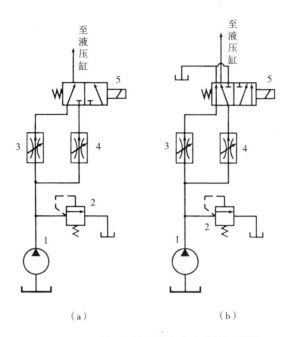

图7-13　两个调速阀并联式速度换接回路图

进入液压缸。这种回路中两个调速阀的节流口可以单独调节，互不影响，即第一种工作进给速度和第二种工作进给速度互相间没有什么限制。但一个调速阀工作时，另一个调速阀中没有油液通过，它的减压阀则处于完全打开的位置，在速度换接开始的瞬

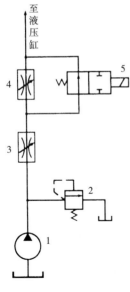

图7-14　两个调速阀
串联的速度换接回路

间不能起减压作用，容易出现部件突然前冲的现象。

图7-13（b）为另一种调速阀并联的速度换接回路。在这个回路中，两个调速阀始终处于工作状态，在由一种工作进给速度转换为另一种工作进给速度时，不会出现工作部件突然前冲现象，因而工作可靠。但是液压系统在工作中总有一定量的油液通过不起调速作用的那个调速阀流回油箱，造成能量损失，使系统发热。

图7-14是两个调速阀串联的速度换接回路。图中液压泵输出的压力油经调速阀3和电磁阀5进入液压缸，这时的流量由调速阀3控制。当需要第二种工作进给速度时，阀5通电，其右位接入回路，则液压泵输出的压力油先经调速阀3，再经调速阀4进入液压缸，这时的流量应由调速阀4控制，所以这种回路中调速阀4的节流口应调得比调速阀3小，否则调速阀4将不起作用。

这种回路在工作时调速阀 3 一直工作，它限制着进入液压缸或调速阀 4 的流量，因此在速度换接时不会使液压缸产生前冲现象，换接平稳性较好。在调速阀 4 工作时，油液需经两个调速阀，故能量损失较大。系统发热也较大，但却比图 7-13（b）所示的回路要小。

7.3 压力控制回路

压力控制回路是用压力阀来控制和调节液压系统主油路或某一支路的压力，以满足执行元件速度换接回路所需的力或力矩的要求。利用压力控制回路可实现对系统进行调压（稳压）、减压、增压、卸荷、保压与平衡等各种控制。

7.3.1　调压及限压回路

当液压系统工作时，液压泵应向系统提供所需压力的液压油，同时，又能节省能源，减少油液发热，提高执行元件运动的平稳性。所以，应设置调压或限压回路。当液压泵一直工作在系统的调定压力时，就要通过溢流阀调节并稳定液压泵的工作压力。在变量泵系统中或旁路节流调速系统中用溢流阀（当安全阀用）限制系统的最高安全压力。当系统在不同的工作时间内需要有不同的工作压力，可采用二级或多级调压回路。

7.3.1.1　单级调压回路

如图 7-15（a）所示，通过液压泵 1 和溢流阀 2 的并联连接，即可组成单级调压回路。通过调节溢流阀的压力，可以改变泵的输出压力。当溢流阀的调定压力确定后，液压泵就在溢流阀的调定压力下工作。从而实现了对液压系统进行调压和稳压控制。如果将液压泵 1 改换为变量泵，这时溢流阀将作为安全阀来使用，液压泵的工作压力低于溢流阀的调定压力，这时溢流阀不工作，当系统出现故障，液压泵的工作压力上升时，一旦压力达到溢流阀的调定压力，溢流阀将开启，并将液压泵的工作压力限制在溢流阀的调定压力下，使液压系统不致因压力过载而受到破坏，从而保护了液压系统。

7.3.1.2　二级调压回路

图 7-15（b）所示为二级调压回路，该回路可实现两种不同的系统压力控制。

由先导型溢流阀2和直动式溢流阀4各调一级，当二位二通电磁阀3处于图示位置时系统压力由阀2调定，当阀3得电后处于右位时，系统压力由阀4调定，但要注意：阀4的调定压力一定要小于阀2的调定压力，否则不能实现；当系统压力由阀4调定时，先导型溢流阀2的先导阀口关闭，但主阀开启，液压泵的溢流流量经主阀回油箱，这时阀4也处于工作状态，并有油液通过。应当指出：若将阀3与阀4交换位置，则仍可进行二级调压，并且在二级压力转换点上获得比图7-15（b）所示回路更为稳定的压力转换。

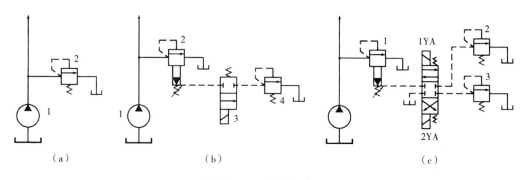

图7-15　调压回路

7.3.1.3　多级调压回路

图7-15（c）所示为三级调压回路，三级压力分别由溢流阀1、2、3调定，当电磁铁1YA、2YA失电时，系统压力由主溢流阀调定。当1YA得电时，系统压力由阀2调定。当2YA得电时，系统压力由阀3调定。在这种调压回路中，阀2和阀3的调定压力要低于主溢流阀的调定压力，而阀2和阀3的调定压力之间没有什么一定的关系。当阀2或阀3工作时，阀2或阀3相当于阀1上的另一个先导阀。

7.3.2　减压回路

当泵的输出压力是高压而局部回路或支路要求低压时，可以采用减压回路，如机床液压系统中的定位、夹紧、回路分度以及液压元件的控制油路等，它们往往要求比主油路较低的压力。减压回路较为简单，一般是在所需低压的支路上串接减压阀。采用减压回路虽能方便地获得某支路稳定的低压，但压力油经减压阀口时要产生压力损失，这是它的缺点。

最常见的减压回路为通过定值减压阀与主油路相连，如图7-16（a）所示。回路中的单向阀为主油路压力降低（低于减压阀调整压力）时防止油液倒流，起短时保压作

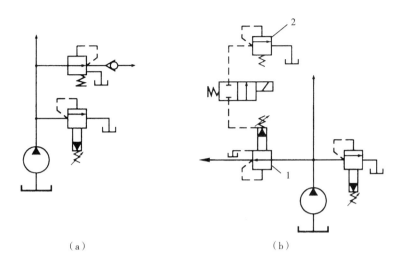

（a）　　　　　　　　　　　　　（b）

图 7-16　减压回路

用，减压回路中也可以采用类似两级或多级调压的方法获得两级或多级减压。图 7-16
（b）所示为利用先导型减压阀 1 的远控口接一远控溢流阀 2，则可由阀 1、阀 2 各调得
一种低压。但要注意，阀 2 的调定压力值一定要低于阀 1 的调定减压值。

　　为了使减压回路工作可靠，减压阀的最低调整压力不应小于 0.5MPa，最高调整压
力至少应比系统压力小 0.5MPa。当减压回路中的执行元件需要调速时，调速元件应放
在减压阀的后面，以避免减压阀泄漏（指由减压阀泄油口流回油箱的油液）对执行元
件的速度产生影响。

7.3.3　增压回路

　　如果系统或系统的某一支油路需要压力较高但流量又不大的压力油，而采用高压
泵又不经济，或者根本就没有必要增设高压力的液压泵时，就常采用增压回路，这样
不仅易于选择液压泵，而且系统工作较可靠，噪声小。增压回路中提高压力的主要元
件是增压缸或增压器。

7.3.3.1　单作用增压缸的增压回路

　　如图 7-17（a）所示为利用增压缸的单作用增压回路，当系统在图示位置工作时，
系统的供油压力 p_1 进入增压缸的大活塞腔，此时在小活塞腔即可得到所需的较高压力
p_2；当二位四通电磁换向阀右位接入系统时，增压缸返回，辅助油箱中的油液经单向阀
补入小活塞。因而该回路只能间歇增压，所以称为单作用增压回路。

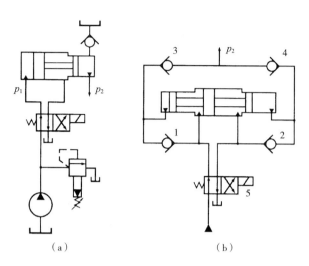

图 7-17　增压回路

7.3.3.2　双作用增压缸的增压回路

如图 7-17（b）所示的采用双作用增压缸的增压回路，能连续输出高压油，在图示位置，液压泵输出的压力油经换向阀 5 和单向阀 1 进入增压缸左端大、小活塞腔，右端大活塞腔的回油通油箱，右端小活塞腔增压后的高压油经单向阀 4 输出，此时单向阀 2、3 被关闭。当增压缸活塞移到右端时，换向阀得电换向，增压缸活塞向左移动。同理，左端小活塞腔输出的高压油经单向阀 3 输出，这样，增压缸的活塞不断往复运动，两端便交替输出高压油，从而实现连续增压。

7.3.4　卸荷回路

在液压系统工作中，有时执行元件短时间停止工作，不需要液压系统传递能量，或者执行元件在某段工作时间内保持一定的力，而运动速度极慢，甚至停止运动，在这种情况下，不需要液压泵输出油液，或只需要很小流量的液压油，于是液压泵输出的压力油全部或绝大部分从溢流阀流回油箱，造成能量的无谓消耗，引起油液发热，使油液加快变质，而且影响液压系统的性能及泵的寿命。为此，需要采用卸荷回路，即卸荷回路的功用是指在液压泵驱动电动机不频繁启闭的情况下，使液压泵在功率输出接近于零的情况下运转，以减少功率损耗，降低系统发热，延长泵和电动机的寿命。因为液压泵的输出功率为其流量和压力的乘积，因而，两者任一近似为零，功率损耗即近似为零。因此液压泵的卸荷有流量卸荷和压力卸荷两种，前者主要是使用变量泵，使变量泵仅为补偿泄漏而以最小流量运转，此方法比较简单，但泵仍处在高压状态下运行，磨损比较严重；压力卸荷的方法是使泵在接近零压下运转。

7.3.4.1　常见的压力卸荷方式

换向阀卸荷回路 M、H 和 K 型中位机能的三位换向阀处于中位时，泵即卸荷，如图 7-18 所示为采用 M 型中位机能的电液换向阀的卸荷回路，这种回路切换时压力冲击小，但回路中必须设置单向阀，以使系统能保持 0.3MPa 左右的压力，供操纵控制油路之用。

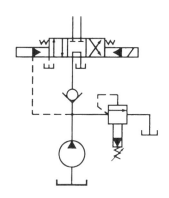

图 7-18　M 型中位机能卸荷回路

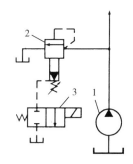

图 7-19　溢流阀远控口卸荷

7.3.4.2　溢流阀远程控制口卸荷

用先导型溢流阀的远程控制口卸荷，如图 7-19 所示，若将远程调压阀替换为二位二通电磁阀 3，使先导型溢流阀的远程控制口直接与二位二通电磁阀相连，便构成一种用先导型溢流阀的卸荷回路，这种卸荷回路卸荷压力小，切换时冲击也小。

7.3.5　保压回路

在液压系统中，常要求液压执行机构在一定的行程位置上停止运动或在有微小的位移下稳定地维持住一定的压力，这就要采用保压回路。最简单的保压回路是密封性能较好的液控单向阀的回路，但是，阀类元件处的泄漏使这种回路的保压时间不能维持太久。

常用的保压回路有以下几种：

（1）利用液压泵的保压回路

利用液压泵的保压回路也就是在保压过程中，液压泵仍以较高的压力（保压所需压力）工作，此时，若采用定量泵则压力油几乎全经溢流阀流回油箱，系统功率损失大，易发热，故只在小功率的系统且保压时间较短的场合下才使用；若采用变量泵，在保压时泵的压力较高，但输出流量几乎等于零，因而，液压系统的功率损失小，这种保压方法能随泄漏量的变化而自动调整输出流量，因而其效率也较高。

（2）利用蓄能器的保压回路

如图 7-20（a）所示的回路，当主换向阀在左位工作时，液压缸向前运动且压紧工件，进油路压力升高至调定值，压力继电器动作使二通阀通电，泵即卸荷，单向阀自动关闭，液压缸则由蓄能器保压。缸压不足时，压力继电器复位使泵重新工作。保压时间的长短取决于蓄能器容量，调节压力继电器的工作区间即可调节缸中压力的最大值和最小值。图 7-20（b）所示为多缸系统中的保压回路，这种回路当主油路压力降低时，单向阀 1 关闭，支路由蓄能器保压补偿泄漏，压力继电器 2 的作用是当支路压力达到预定值时发出信号，使主油路开始动作。

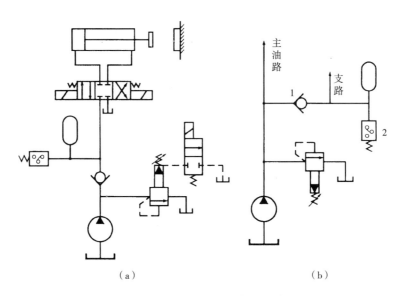

图 7-20　利用蓄能器的保压回路

（3）自动补油保压回路

如图 7-21 所示为采用液控单向阀和电接触式压力表的自动补油式保压回路，其工作原理为：当 1YA 得电，换向阀右位接入回路，液压缸上腔压力上升至电接触式压力表的上限值时，上触点接电，使电磁铁 1YA 失电，换向阀处于中位，液压泵卸荷，液压缸由液控单向阀保压。当液压缸上腔压力下降到预定下限值时，电接触式压力表又发出信号，使 1YA 得电，液压泵再次向系统供油，使压力上升。当压力达到上限值时，上触点又发出信号，使 1YA 失电。因此，这一回路能自动使液压缸补充压力油，使其压力能长期保持在一定范围内。

7.3.6　平衡回路

平衡回路的功用在于防止垂直或倾斜放置的液压缸和与之相连的工作部件因自重而自行下落。图 7-22（a）所示为采用单向顺序阀的平衡回路，当 1YA 得电后活塞下行时，回油路上就存在一定的背压；只要将这个背压调得能支承住活塞和与之相连的工作部件自重，活塞就可以平稳地下落。当换向阀处于中位时，活塞就停止运动，不再继续下移。这种回路当活塞向下快速运动时功率损失大，锁住时活塞和与之相连的工作部件会因单向顺序阀和换向阀的泄漏而缓慢下落，因此它只适用于工作部件

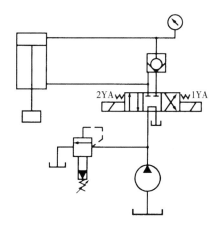

图 7-21　自动补油的保压回路

重量不大、活塞锁住时定位要求不高的场合。图 7-22（b）为采用液控顺序阀的平衡回路。当活塞下行时，控制压力油打开液控顺序阀，背压消失，因而回路效率较高；当停止工作时，液控顺序阀关闭以防止活塞和工作部件因自重而下降。这种平衡回路的优点是只有上腔进油时活塞才下行，比较安全可靠；缺点是，活塞下行时平稳性较

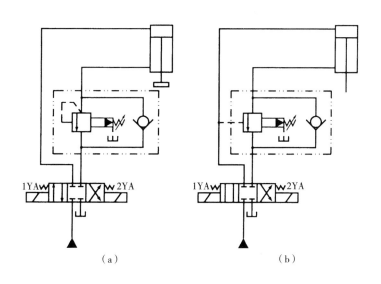

（a）　　　　　　　　　　　（b）

图 7-22　采用顺序阀的平衡回路

差。这是因为活塞下行时，液压缸上腔油压降低，将使液控顺序阀关闭。当顺序阀关闭时，因活塞停止下行，使液压缸上腔油压升高，又打开液控顺序阀。因此液控顺序阀始终工作于启闭的过渡状态，因而影响工作的平稳性。这种回路适用于运动部件重量不是很大、停留时间较短的液压系统中。

7.4 方向控制回路

在液压系统中，起控制执行元件的启动、停止及换向作用的回路，称方向控制回路。方向控制回路有换向回路和锁紧回路。

7.4.1 换向回路

运动部件的换向，一般可采用各种换向阀来实现。在容积调速的闭式回路中，也可以利用双向变量泵控制油流的方向来实现液压缸（或液压马达）的换向。

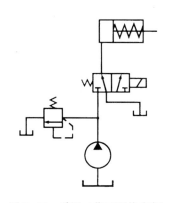

依靠重力或弹簧返回的单作用液压缸，可以采用二位三通换向阀进行换向，如图7-23所示。双作用液压缸的换向，一般都可采用二位四通（或五通）及三位四通（或五通）换向阀来进行换向，按不同用途还可选用各种不同的控制方式的换向回路。

图7-23 采用二位三通换向阀使单作用缸换向的回路

电磁换向阀的换向回路应用广泛，尤其在自动化程度要求较高的组合机床液压系统中被普遍采用，这种换向回路曾多次出现于上面许多回路中，这里不再赘述。对于流量较大和换向平稳性要求较高的场合，电磁换向阀的换向回路已不能适应上述要求，往往采用手动换向阀或机动换向阀作先导阀，而以液动换向阀为主阀的换向回路，或者采用电液动换向阀的换向回路。

图7-24所示为手动转阀（先导阀）控制液动换向阀的换向回路。回路中用辅助泵2提供低压控制油，通过手动先导阀3（三位四通转阀）来控制液动换向阀4的阀芯移动，实现主油路的换向，当转阀3在右位时，控制油进入液动阀4的左端，右端的油液经转阀回油箱，使液动换向阀4左位接入工件，活塞下移。当转阀3切换至左位时，即控制油使液动换向阀4换向，活塞向上退回。当转阀3中位时，液动

换向阀 4 两端的控制油通油箱，在弹簧力的作用下，其阀芯回复到中位、主泵 1 卸荷。这种换向回路，常用于大型油压机上。

在液动换向阀的换向回路或电液动换向阀的换向回路中，控制油液除了用辅助泵供给外，在一般的系统中也可以把控制油路直接接入主油路。但是，当主阀采用 M 型或 H 型中位机能时，必须在回路中设置背压阀，保证控制油液有一定的压力，以控制换向阀阀芯的移动。

在机床夹具、油压机和起重机等不需要自动换向的场合，常采用手动换向阀来进行换向。

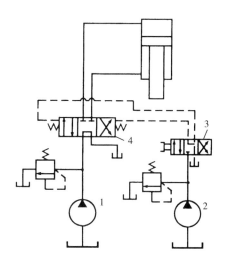

图 7-24　先导阀控制液动换向阀的换向回路

7.4.2　锁紧回路

为了使工作部件能在任意位置上停留，以及在停止工作时，防止在受力的情况下发生移动，可以采用锁紧回路。

采用 O 型或 M 型机能的三位换向阀，当阀芯处于中位时，液压缸的进、出口都被封闭，可以将活塞锁紧，这种锁紧回路由于受到滑阀泄漏的影响，锁紧效果较差。

图 7-25 是采用液控单向阀的锁紧回路。在液压缸的进、回油路中都串接液控单向阀（又称液压锁），活塞可以在行程的任何位置锁紧。其锁紧精度只受液压缸内少量的内泄漏影响，因此，锁紧精度较高。采用液控单向阀的锁紧回路，换向阀的中位机能应使液控单向阀的控制油液卸压（换向阀采用 H 型或 Y 型），此时，液控单向阀便立即关闭，活塞停止运动。假如采用 O 型机能，在换向阀中位时，由于液控单向阀的控制腔压力油被闭死而不能使其立即关闭，直至由换向阀的内泄漏使控制腔泄压后，液控单向阀才能关闭，影响其锁紧精度。

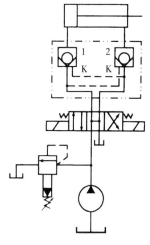

图 7-25　采用液控单向阀的锁紧回路

7.5 多缸动作回路

7.5.1 顺序动作回路

在多缸液压系统中，往往需要按照一定的要求顺序动作。例如，自动车床中刀架的纵横向运动，夹紧机构的定位和夹紧等。

顺序动作回路按其控制方式不同，分为压力控制、行程控制和时间控制三类，其中前两类用得较多。

7.5.1.1 用压力控制的顺序动作回路

压力控制就是利用油路本身的压力变化来控制液压缸的先后动作顺序，它主要利用压力继电器和顺序阀来控制顺序动作。

（1）用压力继电器控制的顺序回路

图 7-26 是机床的夹紧、进给系统，要求的动作顺序是：先将工件夹紧，然后动力滑台进行切削加工，动作循环开始时，二位四通电磁阀处于图示位置，液压泵输出的压力油进入夹紧缸的右腔，左腔回油，活塞向左移动，将工件夹紧。夹紧后，液压缸

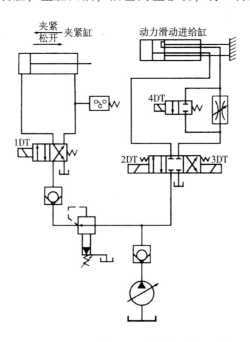

图 7-26　压力继电器控制的顺序回路

右腔的压力升高，当油压超过压力继电器的调定值时，压力继电器发出信号，指令电磁阀的电磁铁 2DT、4DT 通电，进给液压缸动作（其动作原理详见速度换接回路）。油路中要求先夹紧后进给，工件没有夹紧则不能进给，这一严格的顺序是由压力继电器保证的。压力继电器的调整压力应比减压阀的调整压力低 $3 \times 10^5 \sim 5 \times 10^5 \mathrm{Pa}$。

（2）用顺序阀控制的顺序动作回路

图 7-27 是采用两个单向顺序阀的压力控制顺序动作回路。其中单向顺序阀 4 控制两液压缸前进时的先后顺序，单向顺序阀 3 控制两液压缸后退时的先后顺序。当电磁换向阀通电时，压力油进入液压缸 1 的左腔，右腔经阀 3 中的单向阀回油，此时由于压力较低，顺序阀 4 关闭，缸 1 的活塞先动。当液压缸 1 的活塞运动至终点时，油压升高，达到单向顺序阀 4 的调定压力时，顺序阀开启，压力油进入液压缸 2 的左腔，右腔直接回油，缸 2 的活塞向右移动。当液压缸 2 的活塞右移达到终点后，电磁换向阀断电复位，此时压力油进入液压缸 2 的右腔，左腔经阀 4 中的单向阀回油，使缸 2 的活塞向左返回，到达终点时，压力油升高打开顺序阀 3，再使液压缸 1 的活塞返回。

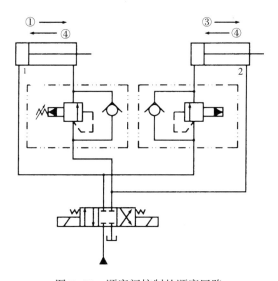

图 7-27 顺序阀控制的顺序回路

这种顺序动作回路的可靠性，在很大程度上取决于顺序阀的性能及其压力调整值。顺序阀的调整压力应比先动作的液压缸的工作压力高 $8 \times 10^5 \sim 10 \times 10^5 \mathrm{Pa}$，以免在系统压力波动时发生误动作。

7.5.1.2 用行程控制的顺序动作回路

行程控制顺序动作回路是利用工作部件到达一定位置时，发出信号来控制液压缸的

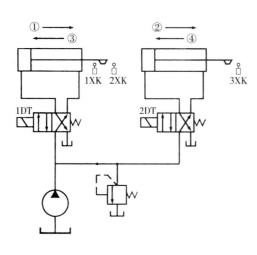

图 7-28　行程开关控制的顺序回路

先后动作顺序，它可以利用行程开关、行程阀或顺序缸来实现。

图 7-28 是利用电气行程开关发讯来控制电磁阀先后换向的顺序动作回路。其动作顺序是：按起动按钮，电磁铁 1DT 通电，缸 1 活塞右行；当挡铁触动行程开关 2XK，使 2DT 通电，缸 2 活塞右行；缸 2 活塞右行至行程终点，触动 3XK，使 1DT 断电，缸 1 活塞左行；而后触动 1XK，使 2DT 断电，缸 2 活塞左行。至此完成了缸 1、缸 2 的全部顺序动作的自动循环。采用电气行程开关控制的顺序回路，调整行程大小和改变动作顺序均很方便，且可利用电气互锁使动作顺序可靠。

7.5.2　同步回路

使两个或两个以上的液压缸，在运动中保持相同位移或相同速度的回路称为同步回路。在一泵多缸的系统中，尽管液压缸的有效工作面积相等，但是由于运动中所受负载不均衡，摩擦阻力也不相等，泄漏量的不同以及制造上的误差等，不能使液压缸同步动作。同步回路的作用就是为了克服这些影响，补偿它们在流量上所造成的变化。

7.5.2.1　串联液压缸的同步回路

图 7-29 是串联液压缸的同步回路。图中第一个液压缸回油腔排出的油液，被送入第二个液压缸的进油腔。如果串联油腔活塞的有效面积相等，便可实现同步运动。这种回路两缸能承受不同的负载，但泵的供油压力要大于两缸工作压力之和。

由于泄漏和制造误差，影响了串联液压缸的同步精度，当活塞往复多次后，会产生严重的失调现象，为此要采取补偿措施。图 7-30 是两个单作用缸串联，并带有补偿装置的同步回路。为了达到同

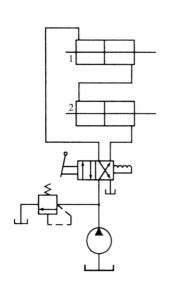

图 7-29　串联液压缸的同步回路

步运动，缸 1 有杆腔 A 的有效面积应与缸 2 无杆腔 B 的有效面积相等。在活塞下行的
过程中，如液压缸 1 的活塞先运动到底，触动行程开关 1XK 发信号，使电磁铁 1DT 通
电，此时压力油便经过二位三通电磁阀 3、液控单向阀 5，向液压缸 2 的 B 腔补油，使
缸 2 的活塞继续运动到底。如果液压缸 2 的活塞先运动到底，触动行程开关 2XK，使
电磁铁 2DT 通电，此时压力油便经二位三通电磁阀 4 进入液控单向阀的控制油口，液
控单向阀 5 反向导通，使缸 1 能通过液控单向阀 5 和二位三通电磁阀 3 回油，使缸 1 的
活塞继续运动到底，对失调现象进行补偿。

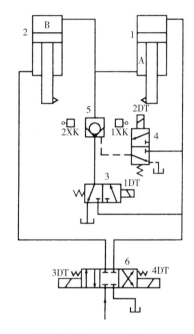

图 7-30　采用补偿措施的串联液压缸同步回路

7.5.2.2　流量控制式同步回路

（1）用调速阀控制的同步回路

图 7-31 是两个并联的液压缸，分别用调速阀控制的同步回路。两个调速阀分别调
节两缸活塞的运动速度，当两缸有效面积相等时，则流量也调整得相同；若两缸面积
不等时，则改变调速阀的流量也能达到同步的运动。

用调速阀控制的同步回路，结构简单，并且可以调速，但是由于受到油温变化以
及调速阀性能差异等影响，同步精度较低，一般在 5%～7%。

（2）用电液比例调速阀控制的同步回路

图 7-32 所示为用电液比例调整阀实现同步运动的回路。回路中使用了一个普通调
速阀 1 和一个比例调速阀 2，它们装在由多个单向阀组成的桥式回路中，并分别控制液

压缸 3 和 4 的运动。当两个活塞出现位置误差时，检测装置就会发出信号，调节比例调速阀的开度，使缸 4 的活塞跟上缸 3 活塞的运动而实现同步。

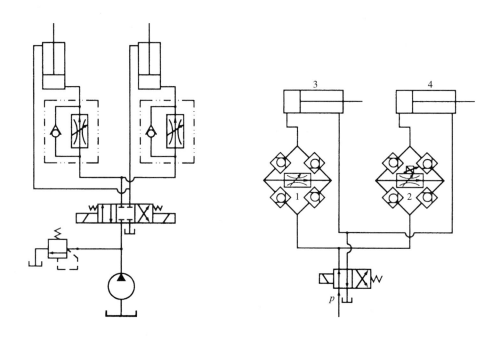

图 7-31　调速阀控制的同步回路　　　　图 7-32　电液比例调整阀控制的同步回路

这种回路的同步精度较高，位置精度可达 0.5mm，已能满足大多数工作部件所要求的同步精度。比例阀性能虽然比不上伺服阀，但费用低，系统对环境适应性强，因此，用它来实现同步控制被认为是一个新的发展方向。

7.5.3　多缸快慢速互不干涉回路

在一泵多缸的液压系统中，往往由于其中一个液压缸快速运动时，会造成系统的压力下降，影响其他液压缸工作进给的稳定性。因此，在工作进给要求比较稳定的多缸液压系统中，必须采用快慢速互不干涉回路。

在图 7-33 所示的回路中，各液压缸分别要完成快进、工作进给和快速退回的自动循环。回路采用双泵的供油系统，泵 1 为高压小流量泵，供给各缸工作进给所需的压力油；泵 2 为低压大流量泵，为各缸快进或快退时输送低压油，它们的压力分别由溢流阀 3 和 4 调定。

当开始工作时，电磁阀 1DT、2DT 和 3DT、4DT 同时通电，液压泵 2 输出的压力油经单向阀 6 和 8 进入液压缸的左腔，此时两泵供油使各活塞快速前进。当电磁铁 3DT、

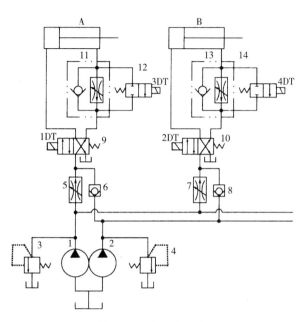

图 7-33　防干扰回路

4DT 断电后，由快进转换成工作进给，单向阀 6 和 8 关闭，工进所需压力油由液压泵 1 供给。如果其中某一液压缸（如缸 A）先转换成快速退回，即换向阀 9 失电换向，泵 2 输出的油液经单向阀 6、换向阀 9 和阀 11 的单向元件进入液压缸 A 的右腔，左腔经换向阀回油，使活塞快速退回。

　　而其他液压缸仍由泵 1 供油，继续进行工作进给。这时，调速阀 5（或 7）使泵 1 仍然保持溢流阀 3 的调整压力，不受快退的影响，防止了相互干扰。在回路中调速阀 5 和 7 的调整流量应适当大于单向调速阀 11 和 13 的调整流量，这样，工作进给的速度由阀 11 和 13 来决定，这种回路可以用在具有多个工作部件各自分别运动的机床液压系统中。换向阀 10 用来控制 B 缸换向，换向阀 12、14 分别控制 A、B 缸快速进给。

习　　题

　　1. 如题图 7-1 所示的减压回路中，活塞在移动时和夹紧后，减压阀的进、出口压力有什么变化？

　　2. 什么是节流调速的速度—负载特性？用什么方法可使运动速度不随负载而变化？将减压阀和节流阀两个标准元件串联使用能否使速度稳定？

　　3. 在变量泵—变量马达的容积调整回路中，应按什么顺序进行调速？为什么？

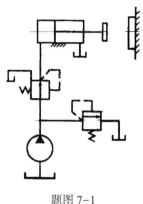 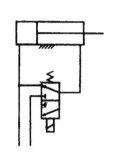

题图 7-1 　　　　　　　　题图 7-2

4. 根据题图 7-2 所示的差动连接回路，回答下列问题：

（1）为什么两腔同时接通压力油时会实现快速前进？

（2）快进时，小腔和大腔的油压哪一个高？

（3）差动连接快速前进时，其推动力如何计算？

5. 快、慢速换接回路有哪几种形式？各有何优缺点？

6. 分析图 7-26 的顺序回路，回答下列问题：

（1）夹紧缸为什么要采用失电夹紧？

（2）当动力滑台进给缸快速运动时，夹紧力会不会下降？

（3）进给缸的调速回路属于哪种形式？

（4）如果压力继电器发信号，指令进给缸快退，压力继电器应装在什么地方？

7. 如图 7-1 所示的回路油节流调速回路，已知液压泵的供油流量 $q_p=25\text{L/min}$，负载 $F=40000\text{N}$，溢流阀调定压力 $p_p=5.4\text{MPa}$，液压缸无杆腔面积 $A_1=80\times10^{-4}\text{m}^2$，有杆腔面积 $A_2=80\times10^{-4}\text{m}^2$，液压缸工进速度 $v=0.18\text{m/min}$，不考虑管路损失和液压缸的摩擦损失，试计算：

（1）液压缸工进时液压系统的效率。

（2）当负载 $F=0$ 时，活塞的运动速度和回油腔的压力。

8. 如图 7-1 所示的进油节流调速回路，液压泵的供油流量 $q_p=6\text{L/min}$，溢流阀调定压力 $p_p=3.0\text{MPa}$，液压缸无杆腔面积 $A_1=20\times10^{-4}\text{m}^2$，负载 $F=4000\text{N}$，节流阀为薄壁孔口，开口面积为 $A_T=0.01\times10^{-4}\text{m}^2$，$c_d=0.62$，$\rho=900\text{kg/m}^2$，求：

（1）活塞杆的运动速度 v。

（2）溢流阀的溢流量和回路的效率。

（3）当节流阀开口面积增大到 $A_{T1}=0.03\times10^{-4}\text{m}^2$ 和 $A_{T2}=0.05\times10^{-4}\text{m}^2$ 时，分别计算液压缸的运动速度 v 和溢流阀的溢流量。

9. 在题图 7-3 所示的调速阀节流调速回路中，已知 $q_p = 25L/min$，$A_1 = 100 \times 10^{-4} m^2$，$A_2 = 50 \times 10^{-4} m^2$，$F$ 由零增到 30000N 时活塞向右移动速度基本无变化，$v = 0.2m/min$，若调速阀要求的最小压差为 $\Delta p_{min} = 0.5MPa$，试求：

（1）不计调压偏差时溢流阀调整压力 p_p 是多少？泵的工作压力是多少？

（2）液压缸可能达到的最高工作压力是多少？

（3）回路的最高效率为多少？

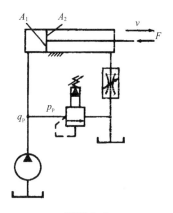

题图 7-3

10. 如图 7-8 所示的限压式变量泵和调速阀的容积节流调速回路，若变量泵的拐点坐标为（2MPa，10L/min），且在 $p_p = 2.8MPa$ 时 $q_p = 0$，液压缸无杆腔面积 $A_1 = 50 \times 10^{-4} m^2$，有杆腔面积 $A_2 = 25 \times 10^{-4} m^2$，调速阀的最小工作压差为 0.5MPa，背压阀调整值为 0.4MPa，试求：

（1）在调速阀通过 $q_1 = 5L/min$ 的流量时，回路的效率为多少？

（2）若 q_1 不变，负载减小 4/5 时，回路效率为多少？

（3）如何才能使负载减小后的回路效率得以提高，能提到多少？

11. 在题图 7-4 所示的平衡回路中，已知 $D = 100mm$，$d = 70mm$，活塞及负载总重 $G = 16 \times 10^3 N$，提升时要求在 0.1s 内均匀达到稳定上升速度 $v = 6m/min$，试确定溢流阀和顺序阀的调定压力。

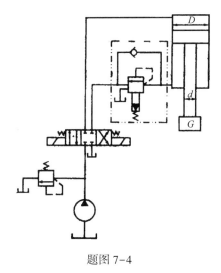

题图 7-4

12. 某液压系统采用限压式变量泵供油，调定后泵的特性曲线如题图 7-5 所示，泵的 $q_{max} = 40L/min$，活塞面积为 $5 \times 10^{-3} m^2$，活塞杆面积为 $2.5 \times 10^{-3} m^2$。试确定：

（1）负载为 $2×10^4$N 时，活塞运动速度 v 为什么？

（2）此时液压缸的输出功率 P 为什么？

（3）活塞快退时的速度 $v_{退}$ 为多少？

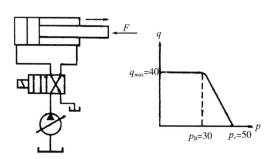

题图 7-5

第8章
纺织机械液压系统实例分析

随着纺织工业科学技术的发展，液压传动与控制在纺织机械的应用日益广泛。除了整经机、织布机、梳棉机等整机采用液压传动外，在多数纺织机械的加压装置、制动装置、缓冲装置、调速装置等装置和设备中也采用了液压传动与控制技术。在近年研制的经轴装卸、纺丝、印花、毛呢织物罐蒸、卷染及织物整理等装置和设备中也采用了液压传动与控制技术，提高了纺织产品质量，减轻了操作者的劳动强度。

8.1 纺丝机液压系统

DT-4C 纺丝机是纺织机械中很重要的设备，它的纱管成形运动是一个机、电、液联合控制的过程。纺丝机的工作要求比较精细，实现的动作很复杂，其液压系统也是液压系统中较为复杂的。

8.1.1 液压系统原理

纺丝机的液压系统原理如图 8-1 所示，按照表 8-1 所示的动作循环及电磁铁动作顺序循环动作。

表 8-1　DT-4C 纺丝机动作循环表

动作循环	电磁阀				
	1YA	2YA	3YA	4YA	5YA
钢领板往复慢速升降（升）	+	−	−	−	−
钢领板往复慢速升降（降）	−	+	−	−	−
钢领板快速升降（升）	+	−	+	−	−

续表

动作循环	电磁阀				
	1YA	2YA	3YA	4YA	5YA
钢领板快速升降（降）	-	+	+	-	-
钢领板中途停留	-	-	-	-	-
罗拉加压	+	-	-	-	+

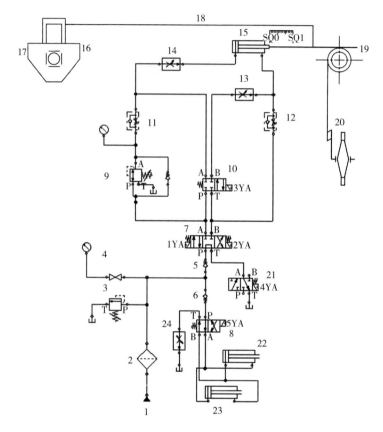

图 8-1　纺丝机液压系统原理

1—定量液压泵　2—过滤器　3—溢流阀　4—压力表及其开关　5，6—单向阀　7—三位四通电磁换向阀

8，10—二位四通电磁换向阀　9—单向顺序阀　11，12—单向节流阀　13，14，24—调速阀

15—钢领板升降液压缸　16—成型模板　17—光电管　18—连杆　19—卷筒　20—钢领板

21—二位三通电磁换向阀　22，23—加压液压缸

　　液压系统由定量液压泵 1 供油液压管路内液压油压力由溢流阀 3 设定，操作人员可以通过压力表及其开关 4 查看管路内压力，液压泵可通过三位四通电磁换向阀 7 的 M 型中位卸荷。纺丝机液压系统的执行机构为液压缸 15、22 和 23，其中缸 15 驱动卷筒 19 选装完成钢领板 20 升降，缸 22 和 23 用于罗拉加压。

　　三位四通电磁换向阀 7 通过控制液压缸 15 的伸缩来控制钢领板的升降，慢速升降通过单向节流阀 12 和 11 回油节流调速，通过二位四通电磁换向阀 10 来实现液压系统的快慢速换接，以此来控制钢领板的快速升降；单向顺序阀控制液压系统内各个液压元件的顺序动作，还起到平衡油路的作用，减小钢领板因自重下降时对系统产生的冲击振动，增强钢领板下降的平稳性，保护系统；调速阀 13 和 14 用于液压缸 15 的锁定，即钢领板升降中阀 13 和 14 全开，不起节流作用相当于管路，只有当钢领板中途停留时，才将阀 13 和 14 全部关闭，实现液压缸 15 的锁紧；电磁换向阀电磁铁是否通电，由成型模板 16 和位置保持不动的光电管 17 发出的光电信号决定。

加压液压缸 22 和 23 为串联油路，通过二位四通电磁换向阀 8 的改变，来控制液压缸 22 和 23 的运动方向，加压大小通过回油调速阀 24 决定的背压实现。液压缸升降回路和加压回路之间通过单向阀 5 和 6 实现油路隔离，以防干扰。

8.1.2　工作原理

8.1.2.1　钢领板往复慢速升降运动

当按下开关 SB1 时，电磁铁 1YA 通电（其他电磁铁均断电）换向阀 7 切换至左位，液压泵 1 的压力油经过滤器 2、单向阀 5、换向阀 7、单向顺序阀 9 和单向节流阀 11 中的单向阀、调速阀 14 进入缸 15 的无杆腔，有杆腔的油液经阀 12 中的节流阀、换向阀 7 和换向阀 21 排回油箱，活塞杆伸出，驱动卷筒 19 顺时针转动，使钢领板 20 慢速上升（速度由节流阀 12 的开度调定）；同时，用连杆 18 与活塞杆固定的成型模板 16 也随之向右运动，如图 8-2 所示。

当模板 16 的左侧与光电管 17 相对时发光电信号，电磁铁 2YA 通电，三位四通电磁换向阀 7 切换至右位，其余电磁铁断电，液压泵 1 的压力油经阀 5、阀 7、阀 12 中的单向阀进入缸 15 的有杆腔，无杆腔的油液经阀 14、11 中的节流阀、顺序阀 9、阀 7、阀 21 排回油箱。活塞杆左移驱动卷筒 19 逆时针转动，钢领板 20 在自重作用下降落（降落速度由节流阀 11 的开度决定）；同时活塞杆通过连杆带动模板 16 向左运动，直至模板 16 的右侧与光电管相对发光电信号时，电磁铁 1YA 通电，三位四通电磁换向阀 7 切换到左位，此后重复上述过程。

8.1.2.2　钢领板快速升降

当按下开关 SB3 时，电磁铁 3YA 通电，换向阀 10 切换至右位，由于单向节流阀 11 和 12 油路断开，所以，当电磁铁 1YA 通电时，液压泵的压力油进入缸 15 的无杆腔，有杆腔经阀 13、阀 10 和阀 7、阀 21 无节流排回油箱，钢领板快速上升如图 8-3（a）；电磁铁 2YA 通电时，则钢领板快速下降如图 8-3（b）所示。

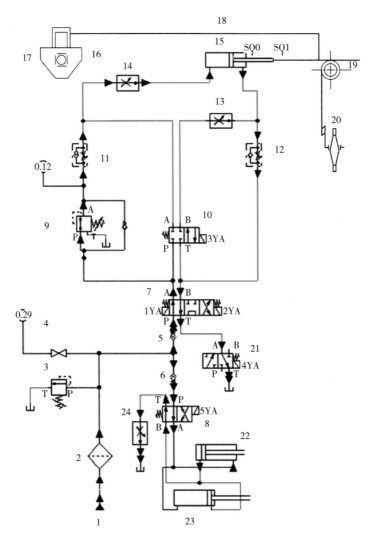

图 8-2　钢领板往复慢速升降运动

8.1.2.3　钢领板中途停留

当需要钢领板中途停留时，电磁铁 1YA、2YA 和 3YA 均断电，使换向阀 7 和 10 回到中位和左位，同时关闭调速阀 13 与 14，锁紧液压缸 15 如图 8-4 所示。

8.1.2.4　罗拉加压

当电磁铁 5YA 断电时，去压；电磁铁 5YA 让换向阀 8 切换到右位，液压泵 1 的压力油经过过滤器 2、单向阀 6 和二位四通电磁换向阀 8 进入液压缸 22 和 23 的无杆腔和有杆腔，缸 22 有杆腔和缸 23 无杆腔的油液经调速阀 24 排回油箱，则为加压工况，压力大小可通过调速阀 24 的背压调节，如图 8-5 所示。

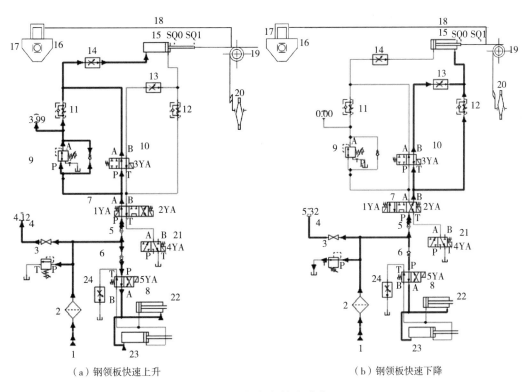

（a）钢领板快速上升　　　　　　　　（b）钢领板快速下降

图 8-3　钢领板快速升降

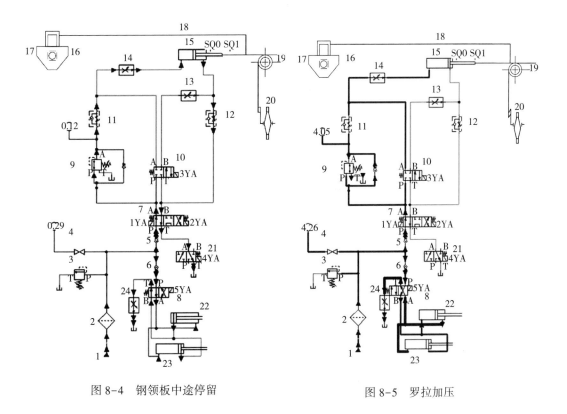

图 8-4　钢领板中途停留　　　　　　　图 8-5　罗拉加压

8.2 自动卷染机的电液比例控制系统

卷染机是纺织织物的卷染设备，又称染缸、机缸，可以用于不同质地的化纤织物的高温高压卷染，或者天然织物的常温常压染色。作为纺织机械行业必不可少的机器之一，卷染机的走步速度、张力与缸内温度一直都是业内专家关注和探究的问题，实际上，与织造工况相近的造纸、纺纱等领域中，线速度、张力的调节和控制一直都有较大的参考意义。卷染机在实际工作中无法直接设置调节张力与走步速度，而是通过改变液压驱动马达性能以保证张力与走步速度保持稳定，避免因张力和走步速度的变化造成织物的色差和不均匀。

8.2.1 液压系统的工作原理

卷染机液压控制系统最突出的特点就是要求实现织物可以平稳地正反向自动卷染，因此作为工作机构的两个滚筒应由两个液压马达分别驱动，而且在实际运作中，主动滚筒与从动滚筒的转速、布筒直径都是相反的，主动轮的转速由大到小，布筒直径由小到大，从动轮反之。在走步过程中应保证走步速度、张力稳定，走步速度应在 $20 \sim 150 \mathrm{m/min}$ 范围内调节，张力可以在 $0 \sim 600 \mathrm{N}$ 内调节。在停止运作时，液压马达可以使织物在较为小幅度的状态下摆动，避免造成织物下端的颜色沉积，毁坏织物染色的质感。最终为保证织物上色的质量以及投入使用后的舒适感，液压控制系统需要保证一定的着色温度以及相应的耐高温、防水防腐蚀、防振等性能。液压控制系统一般为进口设备，因此成本较高，维修工作量大，需要考虑经济成本。

卷染机如图 8-6 所示，实际上是一个可逆卷绕机构，因此在实际工作中布辊 2、3 交替成为主动轮，织物由布辊 2 退出时，卷入布辊 3，待布辊 2 上的织物退完后，电动机开始反向转动带动布辊反向运动，此时主动轮由 2 变为 3，从动轮由 3 变为 2，织物在卷辊的反复转动下经过染料，直到卷染完毕。在整个卷染过程中，织物被卷绕到布辊上时，织物之间的张力过小容易产生染色不均，反之张力过大容易导致织物破损，因此在主从动轮变化时要保证织物所承受的力 F 保持稳定，织物之间的张力是由两个卷轴（$V_1 - V_2$）之间的速度差异引起的，使织物膨胀和拉伸。为了确保速度应变的稳定性，就要确保两布筒的线速度相同。又因为 $P = FV$，所以两布辊的运行功率也是相同的，简单来说，为了实现织物张力稳定，随着卷径 D 的减小，放布辊的输出转矩要相应增大，才能避免布辊之间的线速度差增大，引起织物间张力变大，导致织物断裂。

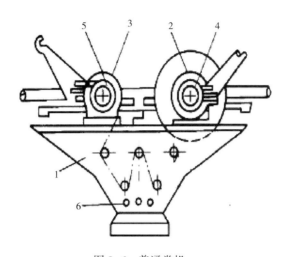

图 8-6 普通卷机

1—染槽 2，3—卷布辊 4，5—制动装置 6—蒸汽管

8.2.2 控制系统原理

电液比例阀是一种根据输入的电气信号连续且成比例地对液压油进行控制的液压阀，以这类阀为主要液压元件的液压控制系统就是电液比例控制系统，与普通的液压阀比较，它不仅无须手动，还能提升整个系统的控制水平，它虽然不如电液伺服阀的性能优越，但是它的结构不仅简单，经济压力更低，常应用于对液压参数进行控制，但是不过分要求控制精度和动态特性的液压系统中。

自动卷染机电液比例控制系统原理图如图 8-7 所示。

驱动布筒旋转的两个液压马达 9 和 10 是系统的执行器，二位四通电磁换向阀 13、14 可以实现液压马达的换向，从而实现织物的往复染色，同时二位四通电磁换向阀组 13、14 与液压马达 9、10 采取桥式连接，以使液压马达正、反向旋转时性能保持一致，两个液压马达的速度由电液比例流量阀 7 控制，压力阀控制阀组 15 和 16 位于液压马达 9 和 10 的回油路可以起到背压阀的作用，液压马达工作的工作转速是不一致的，且转速差随时间变化，通过调节阀组 15 或 16 可以使马达具有不同的背压，可以调节两个液压马达的工作性能以彼此适应，更好地进行工作。溢流阀 11 可以实现背压的远程调整。液压系统的油源是定量液压阀 1，通过溢流阀 5 和 6 可以对经由定量液压泵 1 的油液进行二级压力控制，液压泵的卸荷阀可以由电磁溢流阀 3 充当，压力表及开关 2 可

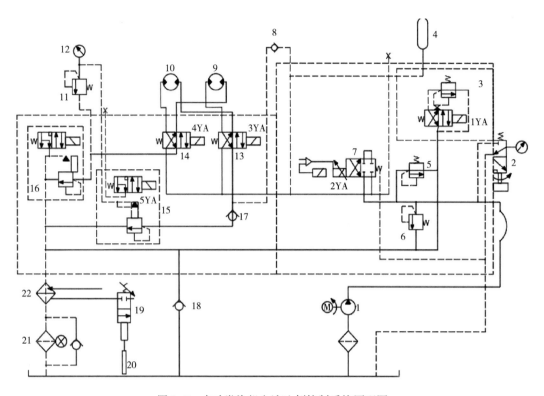

图 8-7　自动卷染机电液比例控制系统原理图

1—定量液压泵　2—压力表及开关　3—电磁溢流阀　4—蓄能器　5，6—溢流阀　7—电液比例流量阀

8，17，18—单向阀　9，10—双向定量液压马达　11—远程调压溢流阀　12—压力表

13，14—二位四通电磁换向阀　15，16—压力控制阀组　19—二位二通电磁换向阀

20—温度传感器　21—带污染指示过滤器　22—水冷却器

以时刻监测液压泵的供油压力。主油路中的蓄能器 4 利用单向阀 8、17 与马达回油路相接，可以吸收液压马达换向时产生的液压冲击和脉动，维持系统压力平衡，保证正常的液压系统压力环境，系统中还设有水阀、温度传感器、水冷却器等，可以控制系统温度，保证温度稳定在 30~60℃。

液压马达换向时的工作原理为：当液压系统开始运作，电磁铁 3YA、4YA 通电，促使电磁换向阀 13、14 改变常态位置，电磁铁 2YA 通电，液压油经由电液比例流量阀 7 兵分两路，分别进入二位四通换向阀 13、14，液压油一路进入液压马达左腔，也就是高压腔，再由右端的低压腔经过二位四通换向阀 14、背压阀组 16。另一路进入液压马达 10 的左端，经过二位四通换向阀 13、单向阀 17、压力控制阀组 15，最后两路汇总进入水冷却器 22、过滤器 21，最后回到油箱，两个液压马达的旋转速度由电液比例流量阀 7 调节，当电磁铁断电时，液压马达的进油路、回油路则相反，就可以实现织物反向卷染，往复循环。

8.2.3　系统特点

首先该液压循环系统包含电液比例控制阀，采用阀控马达电液比例开式循环系统，电液比例控制阀与液压马达采用桥式连接，能完美地实现液压马达的驱动和换向，保证液压马达运作时运动性能一致，同时也能保证液压马达驱动的卷筒相互配合，避免旋转的线速度不一致，撕毁织物或者造成织物染色不均匀，电液比例流量阀内的比例电磁铁还与位移传感器相连接，通过阀的放大器形成闭环控制，闭环条件下，比例精度会更高，那么系统工作稳定性也会更好。其次在该系统的主油路中装有溢流阀，可以实现液压泵的二级压力调控，同时两个液压马达的回油路分别装有压力控制阀组，可以通过背压阀的调节使两个液压马达的转速实现相互匹配。在系统的主油路中还设置了蓄能器，蓄能器通过单向阀与液压马达的回油路相连接，可以吸收两个液压马达换向时产生的液压冲击、流量冲击等。最后因为卷染机工作的特殊性，织物染色的质量与染液的温度有一定关系，因此该系统中还设置了温度传感器、过滤器等，形成温度自动控制系统，能保证油箱温度稳定在一定范围内。此系统性能稳定而且操作优良，不仅可以适用于卷染机床，对于工况相近的机械也同样适用。

8.3　液压装卸车系统

8.3.1　主功能结构

纺织行业中，喷气织机所用的经轴卷满棉纱后重达 1.2t 以上。电动液压装卸小车，是一种与织机配套的机、电、液一体化工具设备，用于装卸经轴，以降低劳动强度，缩短装卸时间，提高劳动生产率。装卸车液压系统以实现液压缸的升降功能为基础来完成对工具的升降，需要方向控制回路，采用阀控来分配液压系统的能量，选择三位四通电磁换向阀来完成液压缸的升降功能。

为了保证系统的安全性，采取电磁换向阀的 H 型中位机构设计卸荷回路，减少系统功率损耗。系统需要保证液压缸的平稳升降运动和液压缸的速度同步性，设计双液压缸的同步动作回路和液控单向阀、流量控制阀组成的节流调速回路，可以通过预定的调整或者自动调节回路中调速阀的通流截面面积的大小来改变执行器的运动速度，使用液控单向阀来确保系统工作的方向，并且当液控单向阀关闭时，锁紧液压缸，使用调速阀与单向阀并联完成调速控制回路，同时单向阀的使用可以保证液压缸的平衡回路功能，使用溢流阀来控制系统的整体工作压力。

8.3.2 系统原理

装卸车的原理如图8-8所示。装卸车的工作原理：该液压系统的执行器是并联的两个双作用液压缸10和11，油源是通过直流电动机驱动的定量泵，电磁换向阀4控制液压缸的移动方向，溢流阀3决定系统的工作压力，调速阀8通过回油节流实现对液压缸10和11上升运动的调速，调速阀6来保证液压缸回程运动的无杆腔压力，而液控单向阀5来实现液压缸活塞杆伸出时的无杆腔保压过程。

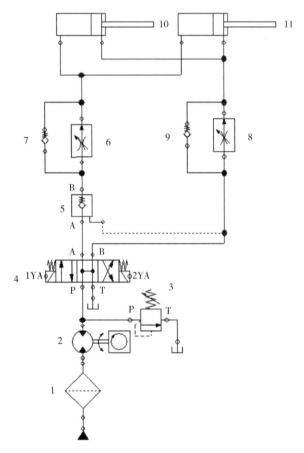

图8-8 液压系统运动原理图

1—过滤器 2—定量泵 3—溢流阀 4—三位四通换向阀 5—液控单向阀

6，8—调速阀 7，9—单向阀 10，11—双作用液压缸

8.3.3 液压缸伸出动作

开始液压系统仿真，再点击软件上的仿真按钮后，软件会自行检查有无错误和警

196

告，在没有后按下电路开关 SB1，电磁铁 1YA 开始通电，液压泵 2 的压力油经过电磁换向阀 4、液控单向阀 5 和单向阀 7 进入液压缸的无杆腔，调速阀 8 控制开口保证液压缸平稳运动，此时液压缸活塞杆进行持续伸出动作，直到液压缸进程到头，到位后，电磁铁 1YA、2YA 都断电，换向阀停至 H 型中位，系统开始卸荷，液控单向阀 5 关闭，液压缸开始无杆腔封闭保压功能，活塞杆保持不动。液压缸伸出动作如图 8-9 所示。

8.3.4　液压缸回程运动

此时，按下开关 SB2，电磁铁 2 通电，液压泵的压力油通过换向阀 4 的右边流经单向阀 9 进入并联液压缸的有杆腔，与此同时，液控单向阀 5 被反向导通，液压缸无杆腔之中的压力油通过调速阀 6、液控单向阀 5 和电磁换向阀 4 回到油箱，在经过调速阀 6 时，流经调速阀 6 的流量稳定不变，无杆腔中的背向压力不会急剧变化，液压缸回程动作也将平稳进行。回程运动过程如图 8-10 所示。

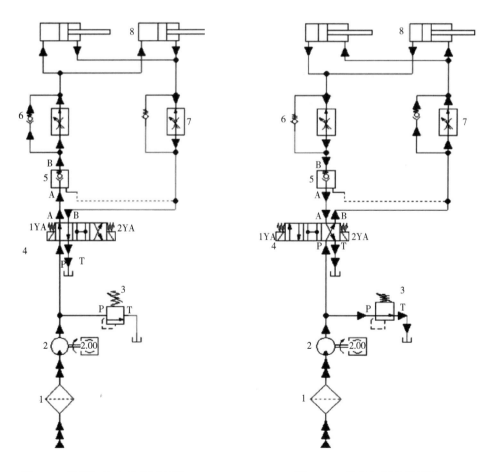

图 8-9　液压缸伸出动作原理图　　　　图 8-10　液压缸回程原理图

习　　题

1. 图 8-1 所示的液压系统由哪些基本回路组成？该系统有何特点？

2. 图 8-7 所示的液压系统由哪些基本回路组成？该系统有何特点？

3. 分析图 8-8 所示液压系统后，列出电磁铁动作循环表，并分析该系统由哪些基本回路组成？该系统有何特点？

第9章

液压传动系统设计与计算

液压系统设计的步骤大致如下：

①明确设计要求，进行工况分析。

②初定液压系统的主要参数。

③拟定液压系统原理图。

④计算和选择液压元件。

⑤估算液压系统性能。

⑥绘制工作图和编写技术文件。

根据液压系统的具体内容，上述设计步骤可能会有所不同，下面对各步骤的具体内容进行介绍。

9.1 明确设计要求进行工况分析

在设计液压系统时，首先应明确以下问题，并将其作为设计依据。

①主机的用途、工艺过程、总体布局以及对液压传动装置的位置和空间尺寸的要求。

②主机对液压系统的性能要求，如自动化程度、调速范围、运动平稳性、换向定位精度以及对系统的效率、温升等的要求。

③液压系统的工作环境，如温度、湿度、振动冲击以及是否有腐蚀性和易燃物质存在等情况。

在上述工作的基础上，应对主机进行工况分析，工况分析包括运动分析和动力分析，对复杂的系统还需编制负载和动作循环图，由此了解液压缸或液压马达的负载和速度随时间变化的规律，以下对工况分析的内容作具体介绍。

9.1.1 运动分析

主机的执行元件按工艺要求的运动情况,可以用位移循环图(L—t),速度循环图(v—t),或速度与位移循环图表示,由此对运动规律进行分析。

(1)位移循环图 L—t

图9-1为液压机的液压缸位移循环图,纵坐标 L 表示活塞位移,横坐标 t 表示从活塞启动到返回原位的时间,曲线斜率表示活塞移动速度。该图清楚地表明液压机的工作循环分别由快速下行、减速下行、压制、保压、泄压慢回和快速回程六个阶段组成。

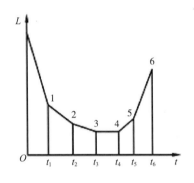

图9-1 位移循环图

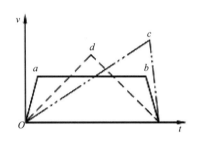

图9-2 速度循环图

(2)速度循环图 v—t(或 v—L)

工程中液压缸的运动特点可归纳为三种类型。图9-2为三种类型液压缸的 v—t 图,第一种如图9-2中实线所示,液压缸开始做匀加速运动,然后匀速运动,最后匀减速运动到终点;第二种,液压缸在总行程的前一半做匀加速运动,在另一半做匀减速运动,且加速度的数值相等;第三种,液压缸在总行程的一大半以上以较小的加速度做匀加速运动,然后匀减速至行程终点。v—t 图的三条速度曲线不仅清楚地表明了三种类型液压缸的运动规律,也间接地表明了三种工况的动力特性。

9.1.2 动力分析

动力分析,是研究机器在工作过程中,其执行机构的受力情况,对液压系统而言,就是研究液压缸或液压马达的负载情况。

9.1.2.1 液压缸的负载及负载循环图

工作机构做直线往复运动时，液压缸必须克服的负载由六部分组成，液压缸的负载力可由式（9-1）计算：

$$F = F_c + F_f + F_i + F_G + F_m + F_b \qquad (9\text{-}1)$$

式中：F_c 为切削阻力；F_f 为摩擦阻力；F_i 为惯性阻力；F_G 为重力；F_m 为密封阻力；F_b 为排油阻力。

（1）切削阻力 F_c

F_c 为液压缸运动方向的工作阻力，对于机床来说就是沿工作部件运动方向的切削力，此作用力的方向如果与执行元件运动方向相反为正值，两者同向为负值。该作用力可能是恒定的，也可能是变化的，其值要根据具体情况计算或由实验测定。

（2）摩擦阻力 F_f

F_f 为液压缸带动的运动部件所受的摩擦阻力，它与导轨的形状、放置情况和运动状态有关，其计算方法可查有关的设计手册。图9-3为常见的两种导轨形式，其摩擦阻力的值为：

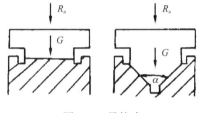

图 9-3 导轨式

平导轨：
$$F_f = f \Sigma F_n \qquad (9\text{-}2)$$

V 形导轨：
$$F_f = f \Sigma F_n / [\sin(\alpha/2)] \qquad (9\text{-}3)$$

式中：f 为摩擦因数，参阅表9-1选取；ΣF_n 为作用在导轨上总的正压力或沿 V 形导轨横截面中心线方向的总作用力；α 为 V 形角，一般为90°。

（3）惯性阻力 F_i

F_i 为运动部件在启动和制动过程中的惯性力，可按下式计算：

$$F_i = ma = \frac{G}{g} \frac{\Delta v}{\Delta t} (\text{N}) \qquad (9\text{-}4)$$

表 9-1 摩擦因数

导轨类型	导轨材料	运动状态	摩擦因数（f）
滑动导轨	铸铁对铸铁	启动时	0.15~0.20
		低速（$v \leqslant 0.16\text{m/s}$）	0.1~0.12
		高速（$v > 0.16\text{m/s}$）	0.05~0.08

导轨类型	导轨材料	运动状态	摩擦因数（f）
滚动导轨	铸铁对滚柱（珠）		0.005~0.02
	淬火钢导轨对滚柱（珠）		0.003~0.006
静压导轨	铸铁		0.005

式中：m 为运动部件的质量（kg）；a 为运动部件的加速度（m/s²）；G 为运动部件的重量（N）；g 为重力加速度，$g=9.81$（m/s²）；Δv 为速度变化值（m/s）；Δt 为启动或制动时间（s），一般机床 $\Delta t=0.1\sim0.5$s，运动部件重量大的取大值。

（4）重力 F_G

垂直放置和倾斜放置的移动部件，其本身的重量也成为一种负载，当上移时，负载为正值，下移时为负值。

（5）密封阻力 F_m

密封阻力指装有密封装置的零件在相对移动时的摩擦力，其值与密封装置的类型、液压缸的制造质量和油液的工作压力有关。在初算时，可按缸的机械效率（$\eta_m=0.9$）考虑；验算时，按密封装置摩擦力的计算公式计算。

（6）排油阻力 F_b

排油阻力为液压缸回油路上的阻力，该值与调速方案、系统所要求的稳定性、执行元件等因素有关，在系统方案未确定时无法计算，可放在液压缸的设计与计算中考虑。

9.1.2.2 液压缸运动循环各阶段的总负载力

液压缸运动循环各阶段的总负载力计算，一般包括启动加速、快进、工进、快退、减速制动等几个阶段，每个阶段的总负载力是有区别的。

（1）启动加速阶段

这时液压缸或活塞处于由静止到启动并加速到一定速度，其总负载力包括导轨的摩擦力、密封装置的摩擦力（按缸的机械效率 $\eta_m=0.9$ 计算）、重力和惯性力等项，即：

$$F=F_f+F_i\pm F_G+F_m+F_b \tag{9-5}$$

（2）快速阶段

$$F=F_f\pm F_G+F_m+F \tag{9-6}$$

（3）工进阶段

$$F=F_f+F_c\pm F_G+F_m+F_b \tag{9-7}$$

（4）减速

$$F=F_f\pm F_G-F_i+F_m+F_b \tag{9-8}$$

对简单液压系统，上述计算过程可简化。例如采用单定量泵供油，只需计算工进阶段的总负载力，若简单系统采用限压式变量泵或双联泵供油，则只需计算快速阶段和工进阶段的总负载力。

9.1.2.3　液压缸的负载循环图

对较为复杂的液压系统，为了更清楚地了解该系统内各液压缸（或液压马达）的速度和负载的变化规律，应根据各阶段的总负载力和它所经历的工作时间 t 或位移 L 按相同的坐标绘制液压缸的负载时间（F—t）或负载位移（F—L）图，然后将各液压缸在同一时间 t（或位移）的负载力叠加。

图 9-4 为一部机器的 F—t 图，其中：0~ t_1 为启动过程；t_1~t_2 为加速过程；t_2~t_3 为恒速过程；t_3~t_4 为制动过程。它清楚地表明了液压缸在动作循环内负载的规律。图中最大负载是初选液压缸工作压力和确定液压缸结构尺寸的依据。

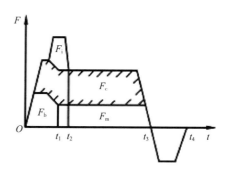

图 9-4　负载时间曲线

9.1.2.4　液压马达的负载

工作机构做旋转运动时，液压马达必须克服的外负载为：

$$M=M_e+M_f+M_i \tag{9-9}$$

（1）工作负载力矩 M_e

工作负载力矩可能是定值，也可能随时间变化，应根据机器工作条件进行具体分析。

（2）摩擦力矩 M_f

M_F 为旋转部件轴颈处的摩擦力矩，其计算公式为：

$$M_f=GfR(\mathrm{N\cdot m}) \tag{9-10}$$

式中：G 为旋转部件的重量（N）；f 为摩擦因数，启动时为静摩擦因数，启动后为动摩擦因数；R 为轴颈半径（m）。

（3）惯性力矩 M_i

M_i 为旋转部件加速或减速时产生的惯性力矩，其计算公式为：

$$M_i = J\varepsilon = J\frac{\Delta\omega}{\Delta t} \; (\text{N} \cdot \text{m}) \tag{9-11}$$

式中：ε 为角加速度（r/s^2）；$\Delta\omega$ 为角速度的变化（r/s）；Δt 为加速或减速时间（s）；J 为旋转部件的转动惯量（$\text{kg} \cdot \text{m}^2$），$J = 1GD^2/4g$，其中：$GD^2$ 为回转部件的飞轮效应（$\text{N} \cdot \text{m}^2$）。

各种回转体的 GD^2 可查《机械设计手册》。根据式（9-9），分别算出液压马达在一个工作循环内各阶段的负载大小，便可绘制液压马达的负载循环图。

9.2 确定液压系统主要参数

9.2.1 液压缸的设计与计算

9.2.1.1 初定液压缸工作压力

液压缸工作压力主要根据运动循环各阶段中的最大总负载力来确定，此外，还需要考虑以下因素：

①各类设备的不同特点和使用场合。

②考虑经济和重量因素，压力选得低，则元件尺寸大，重量重；压力选得高一些，则元件尺寸小，重量轻，但对元件的制造精度，密封性能要求高。

所以，液压缸的工作压力的选择有两种方式：一是根据表9-2 负载选；二是根据表9-3 机械类型选。

表9-2 按负载选执行元件的工作压力

负载（N）	<5000	5000~10000	10001~20000	20001~30000	30001~50000	>50000
工作压力（MPa）	≤0.8~1	1.5~2	2.5~3	3~4	4~5	>5

表9-3 按机械类型选执行元件的工作压力

机械类型	机 床				农业机械	工程机械
	磨床	组合机床	龙门刨床	拉床		
工作压力（MPa）	≤2	3~5	≤8	8~10	10~16	20~32

9.2.1.2 液压缸的流量计算

液压缸的最大流量按下式计算：

$$q_{max} = A \cdot v_{max}(\text{m}^3/\text{s}) \tag{9-12}$$

式中：A 为液压缸的有效面积 A_1 或 A_2（m^2）；v_{max} 为液压缸的最大速度（m/s）。
液压缸的最小流量：

$$q_{min} = A \cdot v_{min}(\text{m}^3/\text{s}) \tag{9-13}$$

式中：v_{min} 为液压缸的最小速度。

　　液压缸的最小流量 q_{min} 应大于或等于流量阀或变量泵的最小稳定流量。若不满足此要求时，则需重新选定液压缸的工作压力，使工作压力低一些，缸的有效工作面积大一些，所需最小流量 q_{min} 也大一些，以满足上述要求。

　　流量阀和变量泵的最小稳定流量可从产品样本中查到。

9.2.2　液压马达的设计与计算

9.2.2.1　计算液压马达排量

　　液压马达排量根据下式决定：

$$v_m = 6.28T/\Delta p_m \eta_{min}(\text{m}^3/\text{r}) \tag{9-14}$$

式中：T 为液压马达的负载力矩（N·m）；Δp_m 为液压马达进出口压力差（N/m^3）；η_{min} 为液压马达的机械效率，一般齿轮和柱塞马达取 $0.9 \sim 0.95$，叶片马达取 $0.8 \sim 0.9$。

9.2.2.2　计算液压马达所需流量

　　液压马达的最大流量：

$$q_{max} = v_m \cdot n_{max}(\text{m}^3/\text{s})$$

式中：v_m 为液压马达排量（m^3/r）；n_{max} 为液压马达的最高转速（r/s）。

9.3　液压元件的选择

9.3.1　液压泵的确定与所需功率的计算

9.3.1.1　确定液压泵的最大工作压力

　　液压泵所需工作压力的确定，主要根据液压缸在工作循环各阶段所需最大压力 p_1，再加上油泵的出油口到缸进油口处总的压力损失 $\Sigma\Delta p$，即：

$$p_B = p_1 + \Sigma \Delta p \qquad (9-15)$$

$\Sigma \Delta p$ 包括油液流经流量阀和其他元件的局部压力损失、管路沿程损失等，在系统管路未设计之前，可根据同类系统经验估计，一般管路简单的节流阀调速系统 $\Sigma \Delta p$ 为 $(2\sim5) \times 10^5 Pa$，用调速阀及管路复杂的系统 $\Sigma \Delta p$ 为 $(5\sim15) \times 10^5 Pa$，$\Sigma \Delta p$ 也可只考虑流经各控制阀的压力损失，而将管路系统的沿程损失忽略不计，各阀的额定压力损失可从液压元件手册或产品样本中查找，也可参照表9-4选取。

表9-4 常用中、低压各类阀的压力损失（Δp_n）

阀名	Δp_n（$\times 10^5 Pa$）	阀名	Δp_n（$\times 10^5 Pa$）	阀名	Δp_n（$\times 10^5 Pa$）	阀名	Δp_n（$\times 10^5 Pa$）
单向阀	0.3~0.5	背压阀	3~8	行程阀	1.5~2	转阀	1.5~2
换向阀	1.5~3	节流阀	2~3	顺序阀	1.5~3	调速阀	3~5

9.3.1.2 确定液压泵的流量 q_B

泵的流量 q_B 根据执行元件动作循环所需最大流量 q_{max} 和系统的泄漏确定。

①多液压缸同时动作时，液压泵的流量要大于同时动作的几个液压缸（或马达）所需的最大流量，并应考虑系统的泄漏和液压泵磨损后容积效率的下降，即：

$$q_B \geq K(\Sigma q)_{max}(m^3/s) \qquad (9-16)$$

式中：K 为系统泄漏系数，一般取 1.1~1.3，大流量取小值，小流量取大值；$(\Sigma q)_{max}$ 为同时动作的液压缸（或马达）的最大总流量（m^3/s）。

②采用差动液压缸回路时，液压泵所需流量为：

$$q_B \geq K(A_1 - A_2)v_{max}(m^3/s) \qquad (9-17)$$

式中：A_1，A_2 分别为液压缸无杆腔与有杆腔的有效面积（m^2）；v_{max} 为活塞的最大移动速度（m/s）。

③当系统使用蓄能器时，液压泵流量按系统在一个循环周期中的平均流量选取，即：

$$q_B = \sum_{i=1}^{Z} V_i K/T_i \qquad (9-18)$$

式中：V_i 为液压缸在工作周期中的总耗油量（m^3）；T_i 为机器的工作周期（s）；Z 为液压缸的个数。

9.3.1.3 选择液压泵的规格

根据上面所计算的最大压力 p_B 和流量 q_B，查液压元件产品样本，选择与 p_B 和 q_B 相当的液压泵的规格型号。

上面所计算的最大压力 p_B 是系统静态压力，系统工作过程中存在着过渡过程的动态压力，而动态压力往往比静态压力高得多，所以泵的额定压力 p_B 应比系统最高压力大 25% ~ 60%，使液压泵有一定的压力储备。若系统属于高压范围，压力储备取小值；若系统属于中低压范围，压力储备取大值。

9.3.1.4　确定驱动液压泵的功率

① 当液压泵的压力和流量比较衡定时，所需功率为：

$$p = p_B q_B / 10^3 \eta_B (\text{kW}) \tag{9-19}$$

式中：p_B 为液压泵的最大工作压力（N/m^2）；q_B 为液压泵的流量（m^3/s）；η_B 为液压泵的总效率，各种形式液压泵的总效率可参考表 9-5 估取，液压泵规格大，取大值，反之取小值，定量泵取大值，变量泵取小值。

表 9-5　液压泵的总效率

液压泵类型	齿轮泵	螺杆泵	叶片泵	柱塞泵
总效率	0.6~0.7	0.65~0.80	0.60~0.75	0.80~0.85

②在工作循环中，泵的压力和流量有显著变化时，可分别计算出工作循环中各个阶段所需的驱动功率，然后求其平均值，即：

$$P = \sqrt{\sum_{i=1}^{n} P_i^2 / \sum_{i=1}^{n} t_i} \tag{9-20}$$

式中：t_1，t_2，$\cdots$，t_n 为一个工作循环中各阶段所需的时间（s）；P_1，P_2，$\cdots$，P_n 为一个工作循环中各阶段所需的功率（kW）。

按上述功率和泵的转速可以从产品样本中选取标准电动机，再进行验算，使电动机发出最大功率时，其超载量在允许范围内。

9.3.2　阀类元件的选择

9.3.2.1　选择依据

阀类元件的选择依据为：额定压力、最大流量、动作方式、安装固定方式、压力损失数值、工作性能参数和工作寿命等。

9.3.2.2　选择阀类元件应注意的问题

①应尽量选用标准定型产品，除非不得已时才自行设计专用件。

②阀类元件的规格主要根据流经该阀油液的最大压力和最大流量选取。选择溢流阀时，应按液压泵的最大流量选取；选择节流阀和调速阀时，应考虑其最小稳定流量满足机器低速性能的要求。

③一般选择控制阀的额定流量应比系统管路实际通过的流量大一些，必要时，允许通过阀的最大流量超过其额定流量的20%。

9.3.3 液压辅件的选择

9.3.3.1 蓄能器

①蓄能器用于补充液压泵供油不足时，其有效容积为：

$$V = \Sigma A_i L_i K - q_B t (\mathrm{m}^3) \qquad (9-21)$$

式中：A 为液压缸有效面积（m^2）；L 为液压缸行程（m）；K 为液压缸损失系数，估算时可取 $K=1.2$；q_B 为液压泵供油流量（m^3/s）；t 为动作时间（s）。

②蓄能器作应急能源时，其有效容积为：

$$V = \Sigma A_i L_i K (\mathrm{m}^3) \qquad (9-22)$$

当蓄能器用于吸收脉动缓和液压冲击时，应将其作为系统中的一个环节与其关联部分一起综合考虑其有效容积。

根据求出的有效容积并考虑其他要求，即可选择蓄能器的形式。

9.3.3.2 管道的选择

（1）油管类型的选择

液压系统中使用的油管分硬管和软管，选择的油管应有足够的通流截面和承压能力，同时，应尽量缩短管路，避免急转弯和截面突变。

①钢管。中高压系统选用无缝钢管，低压系统选用焊接钢管，钢管价格低，性能好，使用广泛。

②铜管。紫铜管工作压力在 6.5~10MPa 以下，易变曲，便于装配；黄铜管承受压力较高，达 25MPa，不如紫铜管易弯曲。铜管价格高，抗震能力弱，易使油液氧化，应尽量少用，只用于液压装置配接不方便的部位。

③软管。用于两个相对运动件之间的连接。高压橡胶软管中夹有钢丝编织物；低压橡胶软管中夹有棉线或麻线编织物；尼龙管是乳白色半透明管，承压能力为 2.5~8MPa，多用于低压管道。因软管弹性变形大，容易引起运动部件爬行，所以软管不宜装在液压缸和调速阀之间。

（2）油管尺寸的确定

①油管内径 d 按下式计算：

$$d = \sqrt{\frac{4q}{\pi v}} = 1.13 \times 10^3 \sqrt{\frac{q}{v}} \qquad (9-23)$$

式中：q 为通过油管的最大流量（m^3/s）；v 为管道内允许的流速（m/s）。一般吸油管取 $0.5 \sim 5$（m/s）；压力油管取 $2.5 \sim 5$（m/s）；回油管取 $1.5 \sim 2$（m/s）。

②油管壁厚 δ 按下式计算：

$$\delta \geqslant p \cdot d / 2[\sigma] \qquad (9-24)$$

式中：p 为管内最大工作压力；$[\sigma]$ 为油管材料的许用压力，$[\sigma] = \sigma_b / n$；σ_b 为材料的抗拉强度；n 为安全系数，钢管 $p<7MPa$ 时，取 $n=8$；$p<17.5MPa$ 时，取 $n=6$；$p>17.5MPa$ 时，取 $n=4$。

根据计算出的油管内径和壁厚，查手册选取标准规格油管。

9.3.3.3　油箱的设计

油箱的作用是储油，散发油的热量，沉淀油中杂质，逸出油中的气体。其形式有开式和闭式两种：开式油箱油液液面与大气相通；闭式油箱油液液面与大气隔绝。开式油箱应用较多。

（1）油箱设计要点

①油箱应有足够的容积以满足散热，同时其容积应保证系统中油液全部流回油箱时不渗出，油液液面不应超过油箱高度的 80%。

②吸箱管和回油管的间距应尽量大。

③油箱底部应有适当斜度，泄油口置于最低处，以便排油。

④注油器上应装滤网。

⑤油箱的箱壁应涂耐油防锈涂料。

（2）油箱容量计算

油箱的有效容量 V 可近似用液压泵单位时间内排出油液的体积确定。

$$V = K\Sigma q \qquad (9-25)$$

式中：K 为系数，低压系统取 $2 \sim 4$，中、高压系统取 $5 \sim 7$；Σq 为同一油箱供油的各液压泵流量总和。

9.3.3.4　滤油器的选择

选择滤油器的依据有以下几点：

①承载能力：按系统管路工作压力确定。

②过滤精度：按被保护元件的精度要求确定，选择时可参阅表9-6。

③通流能力：按通过最大流量确定。

④阻力压降：应满足过滤材料强度与系数要求。

表 9-6　滤油器过滤精度的选择

系统	过滤精度（μm）	元件	过滤精度
低压系统	$100 \sim 150$	滑阀	1/3 最小间隙
70×10^5 Pa 系统	50	节流孔	1/7 孔径（孔径小于 1.8mm）
100×10^5 Pa 系统	25	流量控制阀	$2.5 \sim 30\mu m$
140×10^5 Pa 系统	$10 \sim 15$	安全阀溢流阀	$15 \sim 25\mu m$
电液伺服系统	5		
高精度伺服系统	2.5		

9.4 液压系统性能验算

为了判断液压系统的设计质量，需要对系统的压力损失、发热温升、效率和系统的动态特性等进行验算。由于液压系统的验算较复杂，只能采用一些简化公式近似地验算某些性能指标，如果设计中有经过生产实践考验的同类型系统供参考或有较可靠的实验结果可以采用时，可以不进行验算。

9.4.1　管路系统压力损失验算

当液压元件规格型号和管道尺寸确定之后，就可以较准确地计算系统的压力损失，压力损失包括：油液流经管道的沿程压力损失 Δp_L、局部压力损失 Δp_c 和流经阀类元件的压力损失 Δp_V，即：

$$\Delta p = \Delta p_L + \Delta p_c + \Delta p_V \qquad (9-26)$$

计算沿程压力损失时，如果管中为层流流动，可按下经验公式计算：

$$\Delta p_L = 4.3 \upsilon \cdot q \cdot L \times 10^6 / d^4 (\text{Pa}) \qquad (9-27)$$

式中：q 为通过管道的流量（m^3/s）；L 为管道长度（m）；d 为管道内径（mm）；υ 为油液的运动黏度（m^2/s）。

局部压力损失可按下式估算：

$$\Delta p_c = (0.05 \sim 0.15) \Delta p_L \qquad (9-28)$$

阀类元件的 Δp_V 值可按下式近似计算：

$$\Delta p_V = \Delta p_n (q_V / q_{Vn})^2 (\text{Pa}) \tag{9-29}$$

式中：q_{Vn} 为阀的额定流量（m^3/s）；q_V 为通过阀的实际流量（m^3/s）；Δp_n 为阀的额定压力损失（Pa）。

计算系统压力损失的目的是正确确定系统的调整压力和分析系统设计的好坏。

系统的调整压力：

$$p_0 \geqslant p_1 + \Delta p \tag{9-30}$$

式中：p_0 为液压泵的工作压力或支路的调整压力；p_1 为执行件的工作压力。

如果计算出来的 Δp 比在初选系统工作压力时粗略选定的压力损失大得多，应该重新调整有关元件、辅件的规格，重新确定管道尺寸。

9.4.2　系统发热温升验算

系统发热来源于系统内部的能量损失，如液压泵和执行元件的功率损失、溢流阀的溢流损失、液压阀及管道的压力损失等。这些能量损失转换为热能，使油液温度升高。油液的温升使黏度下降，泄漏增加，同时，使油分子裂化或聚合，产生树脂状物质，堵塞液压元件小孔，影响系统正常工作，因此必须使系统中油温保持在允许范围内。一般机床液压系统正常工作油温为 $30 \sim 50℃$；矿山机械正常工作油温 $50 \sim 70℃$；最高允许油温为 $70 \sim 90℃$。

9.4.2.1　系统发热功率 P 的计算

$$P = P_B(1 - \eta) \tag{9-31}$$

式中：P_B 为液压泵的输入功率（W）；η 为液压泵的总效率。

若一个工作循环中有几个工序，则可根据各个工序的发热量，求出系统单位时间的平均发热量：

$$P = \frac{1}{T} \sum_{i=1}^{n} P_i (1 - \eta) t_i \tag{9-32}$$

式中：T 为工作循环周期（s）；t_i 为第 i 个工序的工作时间（s）；P_i 为循环中第 i 个工序的输入功率（W）。

9.4.2.2　系统的散热和温升系统的散热量

温升系统的散热量可按下式计算：

$$P' = \sum_{j=1}^{m} K_j A_j \Delta t \tag{9-33}$$

式中：K_j 为散热系数 ［W/（m²·℃）］，当周围通风很差时，$K \approx 8 \sim 9$；周围通风良好时，$K \approx 15$；用风扇冷却时，$K \approx 23$；用循环水强制冷却时的冷却器表面 $K \approx 110 \sim 175$；A_j 为散热面积（m²），当油箱长、宽、高比例为 $1:1:1$ 或 $1:2:3$，油面高度为油箱高度的80%时，油箱散热面积近似看成 $A = 0.065 \sqrt[3]{V^2}$（m²），其中 V 为油箱体积（L）；Δt 为液压系统的温升（℃），即液压系统比周围环境温度的升高值；j 为散热面积的次序号。

当液压系统工作一段时间后，达到热平衡状态，则：

$$P = P'$$

所以液压系统的温升为：

$$\Delta t = \frac{p}{\sum_{i=1}^{m} K_j A S_j} \quad (℃) \tag{9-34}$$

计算所得的温升 Δt，加上环境温度，不应超过油液的最高允许温度。

当系统允许的温升确定后，也能利用上述公式来计算油箱的容量。

9.4.3 系统效率验算

液压系统的效率是由液压泵、执行元件和液压回路效率来确定的。

液压回路效率 η_c 一般可用下式计算：

$$\eta_c = \frac{p_1 q_1 + p_2 q_2 + \cdots}{p_{b1} q_{b1} + p_{b2} q_{b2} + \cdots} \tag{9-35}$$

式中：p_1、q_1，p_2、q_2，…为每个执行元件的工作压力和流量；p_{b1}、q_{b1}，p_{b2}、q_{b2}，…为每个液压泵的供油压力和流量。

液压系统总效率：

$$\eta = \eta_B \eta_c \eta_m \tag{9-36}$$

式中：η_B 为液压泵总效率；η_m 为执行元件总效率；η_c 为回路效率。

9.5 绘制正式工作图和编写技术文件

经过对液压系统性能的验算和必要的修改之后，便可绘制正式工作图，它包括绘制液压系统原理图、系统管路装配图和各种非标准元件设计图。

正式液压系统原理图上要标明各液压元件的型号规格。对于自动化程度较高的机床，还应包括运动部件的运动循环图和电磁铁、压力继电器的工作状态。

管道装配图是正式施工图，各种液压部件和元件在机器中的位置、固定方式、尺寸等应表示清楚。

自行设计的非标准件，应绘出装配图和零件图。

编写的技术文件包括设计计算书，使用维护说明书，专用件、通用件、标准件、外购件明细表以及试验大纲等。

9.6 液压系统设计与计算举例

某厂汽缸加工自动线上要求设计一台卧式单面多轴钻孔组合机床，机床有主轴 16 根，钻 14 个 $\phi13.9\text{mm}$ 的孔，2 个 $\phi8.5\text{mm}$ 的孔，要求的工作循环是：快速接近工件，然后以工作速度钻孔，加工完毕后快速退回原始位置，最后自动停止；工件材料：铸铁，硬度 HB 为 240；假设运动部件重 $G=9800\text{N}$；快进快退速度 $v_1=0.1\text{m/s}$；动力滑台采用平导轨，静、动摩擦因数 $\mu_s=0.2$，$\mu_d=0.1$；往复运动的加速、减速时间为 0.2s；快进行程 $L_1=100\text{mm}$；工进行程 $L_2=50\text{mm}$。试设计计算其液压系统。

9.6.1 作 F—t 与 v—t 图

9.6.1.1 计算切削阻力

钻铸铁孔时，其轴向切削阻力可用下式计算：
$$F_c = 25.5 D S^{0.8} \text{硬度}^{0.6} \ (\text{N})$$
式中：D 为钻头直径（mm）；S 为每转进给量（mm/r）。

选择切削用量：钻 $\phi13.9\text{mm}$ 孔时，主轴转速 $n_1=360\text{r/min}$，每转进给量 $S_1=0.147\text{mm/r}$；钻 8.5mm 孔时，主轴转速 $n_2=550\text{r/min}$，每转进给量 $S_2=0.096\text{mm/r}$。则：
$$F_c = 14\times25.5 D_1 S_1^{0.8} \text{硬度}^{0.6} + 2\times25.5 D_2 S_2^{0.8} \text{硬度}^{0.6} = 14\times25.5\times13.9\times0.147^{0.8}\times$$
$$240^{0.6} + 2\times25.5\times8.5\times0.096^{0.8}\times240^{0.6} = 30500 \ (\text{N})$$

9.6.1.2 计算摩擦阻力

静摩擦阻力：

$$F_s = f_s G = 0.2 \times 9800 = 1960(\text{N})$$

动摩擦阻力：

$$F_d = f_d G = 0.1 \times 9800 = 980(\text{N})$$

9.6.1.3 计算惯性阻力

$$F_i = \frac{G}{g} \cdot \frac{\Delta v}{\Delta t} = \frac{9800}{9.8} \times \frac{0.1}{0.2} = 500(\text{N})$$

9.6.1.4 计算工进速度

工进速度可按加工 $\phi 13.9$ 的切削用量计算，即：

$$v_2 = n_1 S_1 = 360/60 \times 0.147 = 0.88(\text{mm/s}) = 0.88 \times 10^{-3}(\text{m/s})$$

9.6.1.5 计算各工况负载

液压缸负载的计算见表 9-7。

表 9-7　液压缸负载的计算

工　　况	计算公式	液压缸负载 F(N)	液压缸驱动力 F_0(N)
启　　动	$F = f_a G$	1960	2180
加　　速	$F = f_d G + \dfrac{G}{g} \times \dfrac{\Delta v}{\Delta t}$	1480	1650
快　　进	$F = f_d G$	980	1090
工　　进	$F = F_c + f_d G$	31480	35000
反向启动	$F = f_s G$	1960	2180
加　　速	$F = f_d G + \dfrac{G}{g} \times \dfrac{\Delta v}{\Delta t}$	1480	1650
快　　退	$F = f_d G$	980	1090
制　　动	$F = f_d G - \dfrac{G}{g} \times \dfrac{\Delta v}{\Delta t}$	480	532

其中，取液压缸机械效率 $\eta_{cm} = 0.9$。

9.6.1.6 计算快进、工进时间和快退时间

快进：　$t_1 = L_1/v_1 = 100 \times 10^{-3}/0.1 = 1(\text{s})$

工进：　$t_2 = L_2/v_2 = 50 \times 10^{-3}/0.88 \times 10^{-3} = 56.6(\text{s})$

快退：　$t_3 = (L_1 + L_2)/v_1 = (100 + 50) \times 10^{-3}/0.1 = 1.5(\text{s})$

9.6.1.7　绘制液压缸载荷、速度图

根据上述数据绘液压缸 F—t 与 v—t 图（图 9-5）。

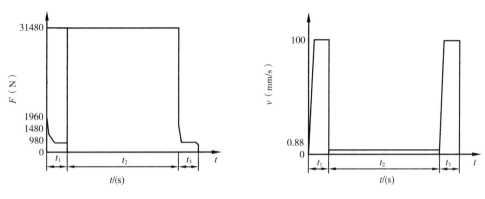

图 9-5　F—t 与 v—t 图

9.6.2　确定液压系统参数

9.6.2.1　初选液压缸工作压力

由工况分析中可知，工进阶段的负载力最大，所以，液压缸的工作压力按此负载力计算，根据液压缸与负载的关系，选 $p_1 = 40 \times 10^5 \mathrm{Pa}$。本机床为钻孔组合机床，为防止钻通时发生前冲现象，液压缸回油腔应有背压，设背压 $p_2 = 6 \times 10^5 \mathrm{Pa}$，为使快进快退速度相等，选用 $A_1 = 2A_2$ 差动油缸，假定快进、快退的回油压力损失为 $\Delta p = 7 \times 10^5 \mathrm{Pa}$。

9.6.2.2　计算液压缸尺寸

由 $(p_1 A_1 - p_2 A_2)\eta_{cm} = F$，得：

$$A_1 = \frac{F}{\mu_{cm}\left(p_1 - \dfrac{p_2}{2}\right)} = \frac{31480}{0.9(40 - 6/2) \times 10^3} = 94 \times 10^{-4} \mathrm{m}^2 = 94(\mathrm{cm}^2)$$

液压缸直径：

$$D = \sqrt{\frac{4A_1}{\pi}} = \sqrt{\frac{4 \times 94}{\pi}} = 10.9(\mathrm{cm})$$

取标准直径：$D = 110\mathrm{mm}$。

因为 $A_1 = 2A_2$，所以 $d = D/\sqrt{2} \approx 80$（mm）。

则液压缸有效面积：

$$A_1 = \pi D^2/4 = \pi \times 11^2/4 = 95(\text{cm}^2)$$

$$A_2 = \pi/[4 \times (D^2 - d^2)] = \pi/[4 \times (11^2 - 8^2)] = 47(\text{cm}^2)$$

9.6.2.3 计算液压缸各参数

在工作循环中各阶段的压力、流量和功率液压缸工作循环各阶段压力、流量和功率计算见表9-8。

表9-8 液压缸工作循环各阶段压力、流量和功率计算表

工况		计算公式	F_0（N）	p_2（Pa）	p_1（Pa）	q（$10^{-3}\text{m}^3/\text{s}$）	P（kW）
快进	启动	$p_1 = F_0/A_1 + p_2$	2180	$p_2 = 0$	4.6×10^5		
	加速	$q = A_1 V_1$	1650	$p_2 = 7 \times 10^5$	10.5×10^5	—	—
	快进	$P = p_1 q \times 10^{-3}$	1090		9×10^5	0.5	0.5
工进		$p_1 = F_0/A_1 + p_2/2$ $q = A_1 V_1$ $P = p_1 q \times 10^{-3}$	3500	$p_2 = 6 \times 10^5$	40×10^5	0.83×10^5	0.033
快退	反向启动	$p_1 = F_0/A_1 + 2p_2$	2180	$p_2 = 0$	4.6×10^5	—	
	加速		1650	$p_2 = 7 \times 10^5$	17.5×10^5	—	
	快退	$q = A_2 V_2$	1090		16.4×10^5	0.5	0.8
	制动	$P = p_1 q \times 10^{-3}$	532	—	15.2×10^5	—	—

9.6.2.4 绘制液压缸工况图

按图9-6绘制液压缸工况图。

9.6.3 拟定液压系统图

9.6.3.1 选择液压回路

（1）调速方式

由图9-6可知，该液压系统功率小，工作负载变化小，可选用进油路节流调速，为防止钻通孔时的前冲现象，在回油路上加背压阀。

（2）液压泵形式的选择

从q—t图可清楚地看出，系统工作循环主要由低压大流量和高压小流量两个阶段

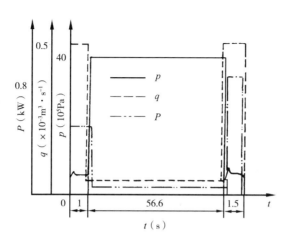

图 9-6　液压缸工况图

组成，最大流量与最小流量之比 $q_{max}/q_{min} = 0.5/(0.83 \times 10^{-2}) \approx 60$，其相应的时间之比 $t_2/t_1 = 56$。根据该情况，选叶片泵较适宜，在本方案中，选用双联叶片泵。

（3）速度换接方式

因钻孔工序对位置精度及工作平稳性要求不高，可选用行程调速阀或电磁换向阀。

（4）快速回路与工进转快退控制方式的选择

为使快进快退速度相等，选用差动回路作快速回路。

9.6.3.2　组成系统

在所选定基本回路的基础上，再考虑其他一些有关因素组成图 9-7 所示液压系统图。

9.6.4　选择液压元件

9.6.4.1　选择液压泵和电动机

（1）确定液压泵的工作压力

前面已确定液压缸的最大工作压力为 40×10^5 Pa，选取进油管路压力损失 $\Delta p = 8 \times 10^5$ Pa，其调整压力一般比系统最大工作压力大 5×10^5 Pa，所以泵的工作压力为：

$$p_B = (40 + 8 + 5) \times 10^5 = 53 \times 10^5 (\text{Pa})$$

这是高压小流量泵的工作压力。

液压缸快退时的工作压力比快进时大，取其压力损失 $\Delta p' = 4 \times 10^5$ Pa，则快退时泵的工作压力为：

$$p_B = (16.4 + 4) \times 10^5 = 20.4 \times 10^5 (Pa)$$

这是低压大流量泵的工作压力。

（2）液压泵的流量

快进时的流量最大，其值为 30L/min，最小流量在工进时，其值为 0.51L/min，根据式（9-20），取 $K = 1.2$，则：

$$q_B = 1.2 \times 0.5 \times 10^{-3} = 36 (L/min)$$

由于溢流阀稳定工作时的最小溢流量为 3L/min，故小泵流量取 3.6L/min。

根据以上计算，选用 YYB-AA36/6B 型双联叶片泵。

（3）选择电动机

由 $P—t$ 图可知，最大功率出现在快退工况，其数值按下式计算：

$$P = \frac{10^{-3} p_{B_2}(q_1 + q_2)}{\eta_B} = \frac{10^{-3} \times 20.4 \times 105(0.6 + 0.1) \times 10^{-3}}{0.7} = 2 (kW)$$

式中：η_B 为泵的总效率，取 0.7；$q_1 = 36L/min = 0.6 \times 10^{-3} m^3/s$，为大泵流量；$q_2 = 6L/min = 0.1 \times 10^{-3} m^3/s$，为小泵流量。

根据以上计算结果，查电动机产品目录，选与上述功率和泵的转速相适应的电动机。

9.6.4.2 选其他元件

根据系统的工作压力和通过阀的实际流量选择元、辅件，其型号和参数见表9-9。

表9-9 所选液压元件的型号、规格

序号	元件名称	通过阀的最大流量（L/min）	规格		
			型号	公称流量（L/min）	公称压力（MPa）
1、2	双联叶片泵		YYB-AA36/6	36/6	6.3
3	三位五通电液换向阀	84	35DY-100B	100	6.3
4	行程阀	84	22C-100BH	100	6.3
5	单向阀	84	1-100B	100	6.3
6	溢流阀	6	Y-10B	10	6.3
7	顺序阀	36	XY-25B	25	6.3
8	背压阀	≈1	B-10B	10	6.3
9	单向阀	6	1-10B	10	6.3
10	单向阀	36	1-63B	63	6.3

序号	元件名称	通过阀的最大流量（L/min）	规　格		
			型号	公称流量（L/min）	公称压力（MPa）
11	单向阀	42	1-63B	63	6.3
12	单向阀	84	1-100B	100	6.3
13	滤油器	42	XU-40×100		
14	液压缸		SG-E110×180L		
15	调速阀		q-6B	6	6.3
16	压力表开关		K-6B		

9.6.4.3　确定管道尺寸

根据工作压力和流量，按手册确定管道内径和壁厚（略）。

9.6.4.4　确定油箱容量

油箱容量可按经验公式估算，取 $V=(5\sim7)q$。

本例中：$V=6q=6\times(6+36)=252$（L）（有关系统的性能验算从略）。

习　　题

1. 设计一个完整的液压传动系统一般应包括哪些步骤？要明确哪些要求？

2. 设计液压传动系统时要进行哪些计算？如何拟定液压传动系统原理图？

3. 设计一台专用铣床，若工作台、工件和夹具的总重力为 5500N，轴向切削力为 30kN，工作台总行程为 400mm，工作行程为 150mm，快进、快退速度为 4.5m/min，工进速度为 60~100m/min，加速、减速时间均为 0.05s，工作台采用平导轨，静摩擦系数为 0.2，动摩擦系数为 0.1，试设计该机床的液压传动系统。

4. 设计一卧式单面多轴钻孔组合机床动力滑台的液压系统。动力滑台的工作循环是：快进→工进→快退→停止。液压系统的主要参数与性能要求如下：轴向切削力为 21000N，移动部件总重力为 10000N；快进行程为 100mm，快进与快退速度均为 4.2m/min，工作行程为 20mm，工进速度为 0.05m/min，加速、减速时间均为 0.2s，工作台采用平导轨，静摩擦系数为 0.2，动摩擦系数为 0.1，动力滑台可以随时在中途停止运动，试设计该组合机床的液压传动系统。

参考文献

［1］ 王积伟．液压传动［M］．3 版．北京：机械工业出版社，2018.

［2］ 丁树模．液压传动［M］．3 版．北京：机械工业出版社，2017.

［3］ 王洁．液压传动系统［M］．3 版．北京：机械工业出版社，2017.

［4］ 王同建．液压传动与控制［M］．北京：机械工业出版社，2017.

［5］ 王积伟，章宏甲，黄谊．液压与气压传动［M］．3 版．北京：机械工业出版社，2018.

［6］ 刘建明，何伟利．液压与气压传动［M］．3 版．北京：机械工业出版社，2018.

［7］ 刘银水，许福玲．液压与气压传动［M］．4 版．北京：机械工业出版社，2017.

［8］ 陈淑梅．液压与气压传动（英汉双语）［M］.4 版．北京：机械工业出版社，2014.

［9］ 田勇．液压与气压传动技术及应用［M］．北京：电子工业出版社，2015.

［10］ 高殿荣，王益群．液压工程师技术手册［M］.2 版．北京：化学工业出版社，2016.

［11］ 闻德生，吕世君，闻佳．新型液压传动［M］．北京：化学工业出版社，2016.

［12］ 路甬祥．液压气动技术手册［M］．北京：机械工业出版社，2002.

［13］ 王春行．液压伺服控制系统［M］．北京：机械工业出版社，1989.

［14］ 闻邦椿．机械设计手册：第 5 卷［M］．北京：机械工业出版社，1992.

［15］ 张利平．现代液压技术应用［M］．北京：化学工业出版社，2004.